機長の一万日

――コックピットの恐さと快感！

田口美貴夫

講談社+α文庫

文庫のためのまえがき

悲しい長嶋《ながしま》機長の事件以後中断しているけれど、乗客のコックピット見学が可能な時期があった。もちろん巡航中で、気流のおだやかな揺れない場合に限られていて、そんな時にはたくさんの人たちがスチュワーデスに連れられてコックピットにみえる。コックピットのなかはかなり狭いから、一回にせいぜい五人ぐらい入ってもらうのが限度で、毎度何回かに分かれてもらっていた。

手のあいている乗員が、あたりにずらりとならんでいる計器類について、なるべくやさしく説明してから質問を受け、その後で記念撮影し見学が終わる。よい思い出になるとずいぶんよろこんでいただいた。

面白いと思ったのは、質問の内容が毎回ほとんど同じことだった。「今誰もハンドルを握っていないが、飛行機がそっぽに行ってしまわないか?」「機長と副操縦士と二人一緒に操縦するのか?」「ほかの飛行機とぶつからないか?」「怖いめにあったことはないか?」「旅先で何をしてるのか?」「月給は社長より多いか?」

全体からみれば、見学にみえた人はほんの一部かもしれないが、同じような疑問が多いとなれば、これは訪れなかった多くの人もそう思っていると考えて間違いなさそうだ。航空機はもう完全に国民の足になっている。現代の旅客機がどのように運航されているのか、乗員は何を考えどんな仕事をしているのか、旅客機を利用する人々に知っていただくのはいろいろな場面で都合がよい。情報は開示されるべき時代でもある。そう思っていた時に講談社から話があり、この本が世に出たというわけである。

中味はコックピットで多く聞かれた質問に沿うものになっている。なるべく航空専門用語は使わないようにと思ったが、どうしても最小限の術語が文中に入った。読者の理解力に期待するよりない。この本をお読みになって、飛行機を利用する際にはいろいろと観察していただきたい。これがそうかと合点されることがあると思う。

輸送組織にとって事故は命とりである。私は民間航空の機長となって三十年をこえたが、いつでも私の行動と判断の基準は「安全」である。

絶対にやってはいけないことをまとめると、「衝突すること」「現在いる場所がどこかわからなくなること」、最後は「飛行機なら墜落する、船なら沈没する、車なら横転すること」である。どれも大きな事故につながるおそれが多い。

私が航空の世界に身をおいた頃にくらべると航空機のふえ方はおどろくほどだ。航空管制システムが進歩しているし、航空機側の事故防止体制も改良されているけれど、衝突の可能性はゼロにはなっていない。地上や空中を問わず、自分のまわりの情況を正確に知るための情報をどんどん集めるべきだ。情報が多ければ多い良い判断ができる。なにげない情報があとで大いに役にたつ場合もあるのだ。動いているものは少し油断するとぶつかる、と心配するぐらいがよい。

位置の不明もおそろしい。航法の原点が失われるからである。行動開始点が不明では進むこともっとも退くことも危険である。どこに行ってしまうかわからない。地上なら山の遭難、海なら座礁、空なら山にぶつかる。いつも自分のいる位置に注意をはらいながら、まわりの様子もつかんでいれば大いに安全である。

最後に、けっしてあってはならないのが回復不能な状態になることだ。製造技術が進歩した現代では、車・船・飛行機等のハード面だけが原因で危険におちいることはまずないだろう。原因のかなりの部分が運用する側にある場合が多いと思われる。機械は何もいわないから、人間が面倒をみてやり、無理がかからないように使ってやらなければならない。方式や技量への過信は禁物だ。おっかなびっくりで動かすぐらいで、ちょうどいい。何かおかしいなと感じたら、もう一度やりなおす態度が必要となる。

つい先日、ハイジャックした旅客機をミサイルのかわりにつかう事件がおこった。コックピットを乗っ取った決死のテロリストが操縦して、目標につっこんでゆく。狂気の沙汰というよりほかはない。パイロットの常識は、不時着しなければならない時でも、人家を避ける努力を最後までつづけることである。また、改めてコックピットの仕切りのつくりも考えたほうがよいと思う。

絶対平和とか絶対安全は突然にはやってこない。普段の努力しかない。終わりに、若い人たちが胸をはって航空の世界に入って来ることを切望してまえがきとする。

二〇〇一年　九月

田口《たぐち》美貴夫《みきお》

機長の一万日——目次

第一章　沈黙のコックピット

第二章　オートパイロット

第三章　ジェット機の速さと入道雲の恐さ

第四章　空の仁義

第五章　てんやわんやのVIPフライト

機長の一万日

――コックピットの恐さと快感！

写真提供　田口美貴夫
日本航空広報部

プロローグ

飛ぶ！　雲上のパラダイス

ボーイング747

北まわり欧州線

かつて私が航空大学校を卒業後、日本航空に入社、社内での訓練を経て、旅客機DC-6Bで初乗務したのは一九六五年のことだった。DC-6Bという飛行機は、今となっては日本ではなかなかお目にかかれないような年代物のプロペラ機であり、当時は、すでにジェット機がどんどん導入されていた時期で、私自身もわずか一年間ほど乗っただけで、再訓練を受けてジェット機のDC-8に移ることになったのだが、ともあれ、それ以来、三十五年近い歳月を飛行機とともに生きてきたことになる。

そのあいだに、操縦した機種はDC-8からB727、再びDC-8、そしてB747と変遷し、私の立場は副操縦士から機長へと昇格。飛んだ路線も、国内線はもとより、太平洋線、モスクワ線、北まわり欧州線、東南アジア線、オセアニア線と、全世界とまではいかないものの、地球のすみずみまで旅させていただいた。

それぞれに思い出深い路線であるが、なかでも私が個人的にもっとも愛着をもち空を飛ぶ醍醐味を満喫した路線といえば、まず筆頭にあげたいのは、北まわり欧州線だろう。

北まわり欧州線というのは、そのころ日本からヨーロッパに行くのに、ソ連（当時）の領空を通らず、いったんアラスカのアンカレジに飛び、そこから北極海を越えてヨーロッパに入っていく路線である。

その北まわり欧州線を私が飛んでいたのは一九八六年から一九九一年ころまでで、そのうちの最初の三年間は、この路線のパイロットたちが常駐するステーションが設けられていたアンカレジに乗員室長として赴任していたのだった。

ちなみに今ではロシアがシベリア上空の飛行を認めており、まっすぐにヨーロッパに飛んでいけるようになったので、わが社の北まわり欧州旅客便もそれにともない自然消滅のような形となってしまったのだが、そのころは日本経済の絶頂期、しかもヨーロッパに行く旅客の大半がこの北まわり欧州線を利用するとあって、アンカレジ空港も最盛期であり、まるで日本国内の大空港のような賑やかさがあった。

切符はファースト・クラスから売れていき、到着する便はどれも日本人客で満席、免税店は客が鈴なりで、売る品物がほとんどなくなるというありさまだった。私自身、年齢的にも、パイロットとしての経験の面でも、もっとも脂ののりきった時期だったのではないかと思う。

従来の航法では、北極付近のように高緯度の空域になると、航法上のデータの精度が落ちてきてしまうので、特殊な修正方法を用いて精度を保ちながら飛んでいく必要があった。そのための専門的な技術を学んだ人たちが、アンカレジに派遣されていたのである。単身ではなく、家族とともに、三年間をアンカレジで過ごした。なにしろ北緯六一度という世界の北の果てである。

冬至のころともなれば、一日のうちで太陽が出ているのが、わずかに三時間ほど。子供が学校に出かけていくのは真っ暗な闇の中。帰ってくるのも真っ暗な闇の中。ほとんどいつも真っ暗だから、いったい今が朝なのか夕方なのか夜なのか、時計を見て判断するしかない。

逆に夏至のころには、その反対に、夜はわずかで、三時間ほど太陽が沈んでいるだけである。草の伸びるのが異様に速く、家にいるときは、毎日草刈りや芝刈りに精を出していた。

それでも冬はスキー、夏は鮭釣り、ゴルフ、観光と、楽しい毎日であった。

そしてそれ以上に、北極航路の空の旅は素晴らしいものだった。おそらく私だけでなく、一度でもこの路線を飛んだことのあるパイロットは、誰しもが再び飛んでみたいと思うのではないだろうか。

北極航路は絶景の連続

ジャンボ機(B747)の機長席にすわり、アンカレジからひとたび空の上に舞い上がると、そこには地上のものとは思えない景観が待っている。夢か幻か。そう、まさに文字どおりの天上界なのである。

下界を見下ろせば、アラスカの大平原や岩山と北極海の荒々しく美しい自然が果てしなく広がっている。

北極海に氷山が漂う夏や、カラマツ林が一面に真っ黄色に染まる秋、雪溶けのツンドラが緑色に染まりはじめる春も、もちろんそれなりに素晴らしいが、とりわけ私を魅了したのは、冬の北極航路である。

アンカレジ空港を飛び立ち、アラスカの北方に向かうにつれ、空をおおう夜の闇はますます濃くなってくる。下は一面の雪原。なにしろ一日中、夜の世界で、どこも暗いのではあるが、その中で雪明かりがほのかに輝いている。その明るさが、目に優しいというのか、むしろ雪の反射がまぶしすぎる昼間よりもかえって見やすいくらいだ。

その上さらに地平線の端に月がかすかに顔をのぞかせていたりしようものなら、まさに絶景である。ふと自分がどこにいるのかすら忘れてしまいそうになる。深い海の底を漂っているかのような気分でもある。

その中に屹然《きつぜん》として聳《そび》え立っているのが、高峰マッキンレーだ。雪で上から下まですっぽり覆われたマッキンレーが闇夜の向こうに仄白《ほのじろ》く輝いている。

マッキンレーは高さが二万フィートくらい。一方われわれの飛行機の高度は三万フィートくらいだから、すぐそばをかすめていく感じで、手を伸ばせば山頂に届きそうな気がするほどだ。

この幽玄としたマッキンレーを目のあたりに見ることができただけでも、パイロットになってよかったという感慨がしみじみとこみあげてくる。

マッキンレーを横に見てしばらく行くと、アラスカの雪原を抜けて北極海に出る。陸も海も雪や氷で真っ白なのだが、陸地の側は積もった雪の表面がなだらかなのに対して、海の側は、おそらく流氷が積み重なりひしめきあっているらしく、凸凹しているので、容易に区別がつく。また、このあたりは海底油田のあるところなので、海岸線に沿って、その

高峰マッキンレー

施設がとびとびに並んでいる。建物のあるところまでが陸地で、原油を掘り出すやぐらのあるところは、もう海の中なわけだ。

そして北極海にびっしりとはりつめた氷の上を、われわれの飛行機は突進していく。人っ子一人いない寂寥《せきりょう》とした世界。ジェット機のエンジン音は少々聞こえるが、窓から眺める景色は、ひっそり静まりかえっている。不気味であり、神秘的であり、あまりにも美しすぎる風景である。「ここで落ちたら、俺たち、絶対にあがらないだろうな」などと、隣の副操縦士や後ろの航空機関士と冗談をかわす。

こうして北極海の上を飛んで行くと、やがてグリーンランドなどの島影が視界に入り、その氷の峰や谷が間近にせまってくる。

北極航路の魅力は、まだある。なんといっても最大の名物といえば、とりわけ冬場によく姿を見せてくれるオーロラだろう。漆黒の闇の中に、何色とも表現できないような不思議な色彩を放って浮かびあがるオーロラは、さながら幻想の国の夢の城である。それも、私たちパイロットは、きわめて幸運なことに、操縦席の窓ごしに真正面に見ることができるのである。これぞ北極航路のパイロットならではの余禄《よろく》というべきか。

オーロラというものは、たとえば北緯七五度上にぐるりと、というぐあいに、北極を中心にした環状に出現するものなのだそうで、北極のそばを通る北極航路の場合、その環の下をくぐりぬけていくことになり、したがって、アラスカ側で一度、ヨーロッパ側で一度、計二回にわたってオーロラを真正面に見ることになるわけだ。

ただし、その見え方は一様ではなく、一方では周囲が明かるすぎてあまり見えなかったが、もう一方ではちょうど真っ暗なときにあたっていて非常に綺麗に見えたりする。モスクワ線でもオーロラが見えることがあるが、この場合は環の外側を飛んでいくことになるので、常に一方の側、すなわち北側にしか見えない。

私が北極航路を担当し、はじめてオーロラを見たときには、まるで目の前に壮大な光のアーチが立ちはだかり、自分たちを乗せた飛行機がその中に突っ込んでいくかのようなスリルと興奮をおぼえた。とにかく想像をはるかに超えた見事な光景であり、背筋がぞくぞくするほど感動した。掛け値なしに素晴らしい。パイロットになって実に大儲けさせていただいたという気がしたものである。

オーロラに見とれた浩宮《ひろのみや》さま

アンカレジに駐在していたころ、私が機長をつとめる便に浩宮《ひろのみや》さま(現皇太子)が搭乗されたことがある。そのとき、ベルギーのブリュッセルで日本をテーマとした博覧会があり、浩宮さまは臨席のためブリュッセルに向かわれるところであった。

飛行経路は、まず日本からパリに行き、そこで乗り換えてパリからブリュッセルへ、というもので、アンカレジ—パリ間とパリ—ブリュッセル間の両方を私が担当した。後半のパリ発ブリュッセル行きは浩宮さまご一行だけの特別機だったが、前半の日本からパリまでは特別機ではなく、一般の旅客に混じっての定期便であり、浩宮さまはファースト・クラスの最前列の左側に着席されていたと記憶する。

ついでながら、当時まだ浩宮さまは結婚されておらず、結婚相手が誰かというので、週刊誌などがあれこれ推測し、騒ぎ立てていたころのことだ。私は女性週刊誌までは読まないけれど、スチュワーデスたちの噂話の話題にもしばしばのぼっていた。

その便でのことだ。何度も北極航路を行ったり来たりしている私でさえ、こんな素晴らしいオーロラは見たことがない、というような見事なオーロラが出現したのである。私たちがはるか前方にみつけたオーロラは、くっきりと暗い闇の中に浮かびあがり、黄、オレンジ、緑、赤といった鮮やかな色に美しく彩られている。

いやはや、すごいオーロラが出たものだ、と感心するとともに、私が思い出したのは、客席にすわられている浩宮さまのことである。これほど見事なオーロラはめったに見られるものではない。なんて運のいい方なんだろう、と私は思った。さっそく機内電話の受話器をとり、ファースト・クラスの客室で浩宮さまのサービスを担当しているスチュワーデスを呼んだ。

すぐにスチュワーデスがやって来たので、私は、目を前方のオーロラに向けながら、彼女に言った。

「ちょっと、ごらんよ。すごいオーロラが出てるでしょ。もし浩宮さまがお休みでないようだったら、お知らせしてあげてよ。なんせ左から右までぜんぶ綺麗に出ているから、い

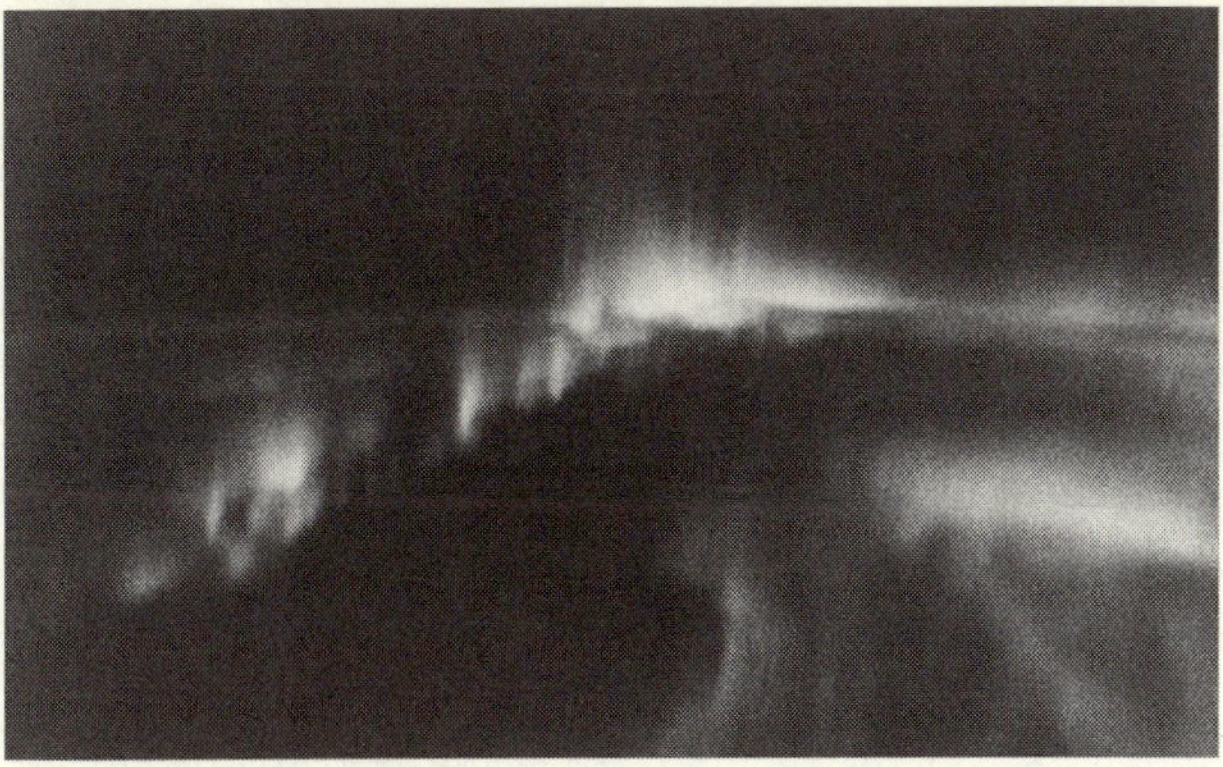

薄い光のカーテン＝オーロラ

まから注意していれば、ちょうどうまいぐあいに見えると思うよ」

スチュワーデスは機転をきかせて、素早く客室のほうに戻っていった。たかがオーロラといわれればそれまでだが、きちんと見るにはタイミングというものが大事になるからだ。

というのは、私たちパイロットは前方の窓を通して見ているから、かなりの長い時間オーロラを正面から見ることができる。川を上ったり下ったりしている船から前方に架かっている橋を見ているようなものだ。

ところが、客席から見る場合は、そういうわけにはいかない。窓は横についているから、船が橋の下をくぐりぬけているあいだ、その橋を見上げるような形になるわけだ。だから、今のうちに横の窓から前方に注意していれば、やがてオーロラが現れて頭上を通りすぎて後方へと去っていくのがうまく眺められる。だが、それを見逃してしまったら、もうチャンスは二度と来ないのである。

そんなに急なことなら自分で機内アナウンスすればよいではないかと思うかもしれないが、そういうわけにもいかない。飛行が長時間にわたるため、お客さま方が疲れてお休みになっていることもあるからである。

そこで、どうしているかというと、客室のスチュワーデスが様子を見て、頃合いを見計らい、お茶を出したりひっこめたりしながら、「あの、よろしければ、まもなくオーロラが見えますので、ご覧になっていただければと機長が申しておりますが……」というようなぐあいで、それとなく話しかける、という寸法だ。

考えてみれば、それもたいへん神経を使う仕事であり、それをさりげなくやってのけるところが、やはりスチュワーデスのプロ魂なのだろう。

さて、その素晴らしいオーロラが私たちの頭上を通りすぎ、しばらくしてから、スチュワーデスに聞いてみた。

「どうだった?」

この一言で質問の意味が通じる。いつもは冷静なスチュワーデスもいささか興奮ぎみのようだ。いわく、「熱心にご覧になっていらっしゃいましたよ。窓に顔をくっつけるみたいにして、ずーっと見てらっしゃいましたよ。最初から最後まで」。

最初から最後までというのは、オーロラが左の窓から見えはじめ、その下をくぐりぬけて、後方に見えなくなるまでということだから、時間にすれば十五分か二十分くらいだろうか。

それを聞いて、私はとても嬉しく思った。正直にいって、そこまでして美しいオーロラを一心にご覧になるという、そんなお人柄に対して、非常な好感をおぼえたのである。一人の人間として、美しいものに素朴に感動できる方であり、純粋で汚れない心をもった方なんだなあ、そんな気がしたのだ。

お知らせした私としても、せっかくの一生に一度見られるか見られないかという見事なオーロラなのだから、お知らせのしがいがあったというものである。

感動や喜びというものは、人と分かちあうことで、ますます増幅されるものである。私も、この一件のおかげで、そのときに見たオーロラの美しさが、ひときわ鮮やかに心に刻まれることとなった。

絶妙のランディング

こうして無事にパリに着き、翌日はパリからブリュッセルに向かった。今回は浩宮さまご一行とその関係者だけを乗せた特別便。ジャンボ一機まるごと貸切りである。

機内に浩宮さまご一行をお乗せしているというだけでなく、かたや目的地のブリュッセルではベルギー王室の関係者たちが出迎えに来ており、歓迎のプログラムが綿密に組まれ、準備万端整えて待っているのだから、われわれとしても事前に定められたスケジュールどおり、ぴったりの時刻に目的地の空港のスポットに到着せねばならない。責任は重い。こういうときの機長は、一種の晴れがましさと緊張の入り交じった、なんともいえず複雑な心境である。

といっても、飛行機の操縦自体は、いつもとまったく同じである。「冷静に、冷静に」と自分に言い聞かせつつ、操縦席につく。この前の北極航路で浩宮さまに見事なオーロラをご覧になっていただけて気をよくしていることも手伝い、「よし、行くぞ」と気合は十分であった。

パリからブリュッセルは、距離的にはごく短い。定刻にパリを発ち、好天にも恵まれ、予定よりほんの少し早めにブリュッセル上空にさしかかる。絶対に到着が遅れるようなことがあってはならないから、こういう場合には、余裕をもって早めに目的地の上空まで行っておき、着陸し、ジャスト・オン・タイムで駐機場に到着するのである。

些細なことだが、このあたりも機長の腕の見せどころなのだ。着陸をうまく決めるには、そのときになってからあわてたのでは遅い。そこに至るまでの過程のほうがむしろ大事なのである。

そして、着陸の態勢に入る。座席に深く腰をいれてすわりなおし、窓の外の景色と操縦席の計器類の全体がきれいに視野におさまるよう姿勢を保つ。

いっしょに操縦室にいる他のクルーとの着陸の段取りのうちあわせはすでに完了している。着陸準備態勢の機器類のチェックもすべて終えてある。あとはフィニッシュをいかに決めるかである。

滑走路上の中心線上を、滑走路面に対して三度の角度に乗って、じわじわと機体を降下させていく。私の目は、前方のすべてを視野に入れながらも、飛行機の脚がつくべき接地点に照準をあてている。

そこは、滑走路の手前の端からの距離でいうと、五百メートルから千メートルのあいだくらいのところだ。この距離は長年にわたるパイロットたちの経験から割り出されたもので、おおよそこのあたりの地点に接地するのが、もっとも安全とされているのである。

さらに降下をつづけ、引き起こし高度（三十〜五十フィート）になると、左手で握っている操縦ホイールを少し手前に引き、わずかに機首を上向きに修正する。接地の際に機体および脚にかかる衝撃を弱めるため、進入角を少し浅くするわけである。ただし、こうなると、操縦席からは、接地点は巨大なジャンボの機体の下に隠れてしまい、見えにくくなってしまう。

そこで今度は、滑走路の向こう側の端に照準をあて、中心線からそれないようにする。そして、間髪をいれずに、さらにもう一段機首を上向きに修正する。こうすることによって、接地寸前の進入角をきわめて浅くし、飛行機の脚はフワリと衝撃なしに滑走路面に接触することとなるのだ。

そして接地！　しかし、そのときに乗っておられた浩宮さまをはじめ乗客の方々は、おそらくジャンボの機体が地面についたことに気づかなかったのではないかと思う。それほどスムーズな着陸になった。接地点もドンピシャリで狙ったとおりにいった。

そして滑走路の中心線を保ちながら、車輪のブレーキをかけ、エンジンを軽く逆噴射させる。減速も頭の中で描いていたとおりに、きわめて理想的にいった。滑走路から横に入るタクシーウェイに入り、これまた数秒もたがえず、指定された時刻ぴったりに指定された場所に機体を止めた。わがパイロット人生で最高の着陸ではなかっただろうかと、今から考えても思う。

実はそのとき、私の右側の副操縦席にすわっていたのは、通常どおりの副操縦士ではなく、私と同じ北極航路の機長であった。特別なフライトなので、いつもとちがって機長と機長の組み合わせで操縦していたわけである。

彼は、自衛隊出身で、航空自衛隊でもトップクラスのパイロットだったのを、わが社に移ってきたというユニークな経歴の持ち主なのだが、その彼が、びっくりしたように、「あのランディングは何なんですか？」と感心していた。それほど絶妙のランディングだったわけである。それ以来、これ以上の着陸はできないでいる。

空を飛ぶ快適さと恐さ

絶妙のランディングといっても、飛行機を操縦した経験のない方には、いったい何が絶妙なのかと、ぴんと来ないかもしれない。飛行機が滑走路に降りるのはあたりまえのことで、降りられなかったら、それこそ一大事。それは、たしかにそのとおり。私はパイロットとして、あたりまえのことをやったにすぎないともいえる。

では、いったい何が絶妙だったのかというと、ひとことでいえば、すべてが思いどおりにいった、ということだろう。降下のぐあい、機首を上げるタイミング、接地の感触、その後の減速など、なにもかもが、私が事前に頭の中に描いていたのと寸分たがわず、そのとおりに実現した。これは、パイロットとしての立場から見ると、きわめて得難い経験なのだ。

逆にいうなら、飛行機の操縦というものは、なかなか思いどおりにはいかない、ということでもある。

もちろん、事故を起こすことなく無事にという意味であれば、離陸し、航行し、着陸するのは、パイロットなら誰でもできるはずである。それができないようでは、難しい試験をパスして資格をとれるわけがないのだ。

問題は、いかに快適に、安全に、そして確実に、お客さま方を目的地まで案内させていただけるか、という点にある。私たちはあくまで民間航空の旅客機のパイロットであり、まず第一に優先して考えねばならないのは、お客さま方の安全であり、乗り心地である。少しでもお客さま方に不快感を与えるような操縦は、なるべくしたくない。パイロットは常に理想的な航行や着陸の模様を頭の中に描き、それを実現すべくつとめているのである。

ところが、それが口でいうほど容易なことではない。えてして思いどおりにいかないことが多いのだ。接地点が数百メートル前や後ろにずれてしまったり、スムーズに接地すべきところ最後の最後でストンと降下し接地してしまったりして、あとで「ああ、あそこは、こうするべきだったのに、失敗しちゃったな」と後悔するはめになりがちである。だからといって運航に支障をきたしたり、お客さまから苦情を頂戴したりというほどのことでもないのだが、パイロットとしては気になるところなのである。

もっとも、気にはなるが、後悔があとをひくと、かえって次のフライトに精神的な悪影響をおよぼすので、反省するだけ反省したら、あとはきれいさっぱり忘れる。過ぎたことにはあまりこだわらず、くよくよしないのが私たちパイロットの気質である。そうでなければ、こんな稼業はとてもやっていられない。

ともあれ、そんなぐあいで、飛行機の操縦というのは、なかなか絵に描いた餅のように理想的にはいかないものなのである。

それでは、なぜそのときにかぎって、思いどおりにいったのだろうか。

いろいろ考えてみるのだが、自分でもよくわからない。失敗したときには、「あれが失敗だった」と思いあたる節が出てくるものだが、このときの着陸については、なにも思いあたるものがない。なにも失敗がなかったから、うまくいったのだ、ともいえるかもしれない。そうであれば、思いあたる節がないのも当然か。

ならば、なぜ失敗がなかったのか。浩宮さまが乗っておられるということも、むろん私の意識に潜在的に作用していたのかもしれない。しかし、それだけではない。好天に恵まれたことも幸いした。いっしょに乗っている仲間たちの意気も合い、和気あいあいとした雰囲気の中で操縦できたこともあるだろう。航空管制との交信もまずまず支障なくいった。機体の整備もぬかりなく、万全だったのだろう。

飛行機の運航には、実にさまざまな要素が影響する。こういった要素のひとつひとつが安全で快適な空の旅を支えているのである。いかに優秀なパイロットであろうとも、けっして自分一人が飛行機を飛ばしているなどと思い上がってはならない。

あれだけの重さのものを安定して空に浮かべ、なおかつ進むべき方向に進めるというのは、実際問題として、たいへんなことなのだ。あえていうならば、ちょっと油断をすれば落ちてしまう。それが飛行機というものである。

考えてみれば、飛行機は落ちることがあるというのは、あたりまえのことである。それが落ちないのは、飛行機の機体がしっかりと作られ、きちんと整備点検がされ、その上でパイロットが慎重に、先輩たちから受け継いだ技術を生かして、絶対に飛行機を落とさないように最大限の努力がなされているからにほかならない。

私が航空大学校で訓練を受けていたころは、第二次世界大戦中のゼロ戦に毛がはえたような原始的なプロペラ機を使っており、私なども、訓練飛行中に練習機のドアがばたんと開いて下が丸見えになってしまい、教官に「おい、押さえてろ」と言われて、必死でドアをつかんでいたことがあるくらいだ。今から振り返れば、いささか滑稽で楽しい思い出でもあるが、そのときは、まったく生きた心地がしなかった。

そのころと比べれば、現代では、コンピュータ技術を駆使したシミュレーターで訓練を受け、ハイテク技術のかたまりのようなジャンボを操縦している若いパイロットたちには、かつて私たちが感じたような「落ちる」という恐怖はあまりないのかもしれない。

しかし、だからといって、気を許すようなことがあってはならないと思う。航行の安全を守るために、常にできるかぎりの努力を怠ってはならない。

私たちパイロットだけではない。私たちの乗っているジェット機にしても、三重四重の事故防止システムがくみこまれ、しかも数度にわたる整備点検や試験飛行を経て、安全性の確認された機体だけが、旅客機として使われている。

空港の管制官や運航管理者、航空機関士、パーサー、スチュワーデスたちも、みな厳しい訓練を経て難しい試験をパスしてきた人たちであり、こうした航空関係者のひとりひとりが、それぞれの業務を責任をもって果たしている。それがあってこそ、私たちも安心して操縦席にすわっていられるわけである。

これまでに千回以上ものフライトを経験してきたが、いろいろ危険な目にあったり、スリリングな場面に遭遇したことはあるものの、幸いにして、生命にかかわるような大事故にあうことはなく、やってこられた。そのおかげで、こうして生きて本書を執筆する機会にも恵まれたわけである。それもすべて、航空業務にたずさわるすべての方々の日頃からのたゆまぬ努力の賜物と実感している。

ご搭乗いただくお客さま方の理解と協力も、もちろん不可欠である。乗るたびに荷物の検査があったり、ベルト着用のサインが点灯したり、携帯電話の使用が制限されたり、いちいち面倒なことのように思われるかもしれないが、これらもすべて飛行機を安全に運航するためには必要なことなのである。

次章から述べる私のさまざまな体験談をお読みいただければ、そのあたりの事情がおわかりいただけるのではないだろうか。ぜひお客さま方にも、私たちといっしょに飛行機を飛ばしているつもりになって、ご協力をお願いしたい。そして心底から安心して、大空の快適な旅を満喫していただきたいものである。

第一章
沈黙のコックピット

ボーイング747-400

狭いながらも楽しいコックピット

「わー、狭いんですね！」と、初めて見学に来られるお客さまは十人が十人、かならずといっていいほど、驚きの声をあげる。

たしかに狭い。家にたとえるなら、せいぜい三畳一間くらい。しかも天井が低い。身をかがめなければ操縦席にもぐりこむこともできないほどだ。このちっぽけな空間がコックピット、すなわち操縦室である。

「コックピット」という言葉は、元来は「闘鶏場《とうけいじょう》」を意味するのだそうで、昔の戦闘機のパイロットの姿が、闘鶏場に入れられた鶏が首を上に突き出してキョロキョロしている様子を思い起こさせたところから、こう呼ばれるようになったという。

しかし現代の私たちは、操縦しているあいだは座席にすわったきりで、首を上に突き出すどころか、シートベルトで腰をくくりつけられ、さらに離着陸時にはショルダーハーネスという肩バンドで上半身を縛りつけられ、身動きすることすらままならない。

この狭いコックピットに常時いるのは、現在私の乗っているB747の場合だと、三人。

左側の操縦席にすわっているのが機長、すなわち私。機長は、私たちの業界用語では、「キャプテン」とよばれる。ちなみに、私たちが操縦の際につかう用語は、ほとんどが英語である。戦後の日本の航空技術は、ほとんどがアメリカから入ってきたものであり、私たちは航空大学校での訓練時代から、いつも英語を使った用語で教育を受けてきているので、日本人どうしの会話であっても、専門用語になると英語を使う習慣が身についてしまっているのだ。

ともあれ、機長はキャプテンであり、キャプテンは親分だ。アメリカの大統領や日本の総理大臣とは比較にはならないものの、それなりにジャンボ・ジェット機という一国一城の主なのである。といっても、だからといって椅子の上にあぐらをかいて威張りくさっているわけではないことを、一言つけ加えておく。なお、英語ではパイロット・イン・コマンド（PIC）ともいう。

つぎに、右側にすわっているのが副操縦士。英語ではコーパイロットなので、仲間で内輪話をするときには、「コーパイさん」とよんだりする。またはファースト・オフィサー（FO）ともいう。

そして、副操縦士の後ろにいるのが航空機関士。正式名称はフライトエンジニア。私たちは親しみをこめて「エンジニアさん」とよぶ。航空機関士の主な役割の一つは、燃料の使い方を管理することである。ジェット機の燃料は、両翼の中および胴体の一部に配置された数個のタンクに分けて積まれているが、それぞれのタンクから、どのような配分で燃料を消費していくかを、そのときの状況に応じて、素早く計算し、判断し、実行する。これは飛行機を落とさないためには不可欠な、きわめて重要な任務である。

なぜなら、左右両翼の燃料をうまいぐあいに使わないと、機体の重量のバランスがくずれ、操縦不能の事態におちいってしまうのだ。そのため、状況によっては、左翼のタンクから右翼のタンクに燃料を輸送せねばならないといった場合もある。

また、天候などの事情で急に目的地の空港に降りられなくなったようなときは、残った燃料でどこの空港まで行けるかを即座に計算し、割り出したりするのも航空機関士の仕事だ。さらに、電気関係、油圧関係、空調関係など、さまざまな装置をとりあつかってい る。そのために必要な計器やスイッチなどが、航空機関士席の前面のパネルにびっしりと並んでいる。非常に複雑な計算を必要とする、頭をつかう仕事なのである。

最新型のハイテク機では、この航空機関士の作業までコンピュータが自動でやるようになり、航空機関士なしで、機長と副操縦士の二人で飛べるようになっている。

航空機関士の前にあるパネル

航空機関士が操作していたパネルは移動して、機長席と副操縦席のあいだの、頭上に配置されている。

ともあれ、私たちのB747では、このような三人体制で乗務している。

たまにスチュワーデスが食事やお茶を運んできてくれたりもするが、それをのぞけば、いつも基本的に登場人物は三人である。

ただし、この三人の組み合わせは、飛ぶたびに異なる。わが社では、毎月二十五日に翌月のフライト・スケジュールが発表されることになっている。それを見るまでは、機長の私も、いったい誰と、どこに飛ぶことになるのか、わからないわけだ。

もっとも、同じ機種で同じ路線を飛べる資格をもった副操縦士や航空機関士は、社内にそう数多くいるわけではないから、何度か飛んでいると、また同じ顔合わせになることとなる。何度か顔を合わせていると、しだいに気心も知れ、おたがいの癖や性格もよくわかってくる。「やー、久しぶりですねー」とか「なんだ、またおまえかよ」といった会話がかわされるわけだ。

広いような狭いような世間だが、とにかくコックピットが狭いことだけは確かである。

飛行機を操縦してみよう

ところで、航空機関士の役割については先にざっと説明したが、機長と副操縦士については、どうなのだろう。どちらもパイロットだから、飛行機の操縦をしていることはまちがいない。だが、もしかしたら、「機長と副操縦士は、操縦するうえで、どういう役割分担をしているのか?」といった疑問をもたれる方がいらっしゃるかもしれない。

まず一ついえることとは、民間航空では、どの飛行機でも、機長席は左側であり、副操縦士席は右側であるということ。それ以上については、おいおいと解説していくことにして、その前に、とりあえず機長側から、操縦席の様子がどんなぐあいになっているかを見ていただくことにしよう。

まず機長席のすぐ右側にあるのが、エンジン出力を調節するスラスト（推力）レバー。自動車でいえばアクセルにあたる。B747ではエンジンが両翼に二つずつあるので、四つのレバーがセットになっており、機長はこれを右手の五本の指で握り、前後に動かして出力を調節する。

機長の正面にあるのは、操縦ホイール。これは、昔は「操縦桿《かん》」とよばれていたけれど、現在のものは単純な棒状ではなく、もうすこし複雑な形をしているので、「桿」というのは不適切だろう。もっとも形と名前は変わっても、操作の原理は同じである。機体の上下左右の動きを調節するのに使う。

機長はこれを左手で握り、手前にひけば、水平尾翼のはたらきによって機首が上がり、向こう側に押せば機首が下がる。また、左に傾ければ、補助翼などのはたらきにより左翼が下がり右翼が上がりぎみになって、全体として機体が左に首をかしげるような恰好《かっこう》になる。右に傾ければ、その逆。

くわしい機構については話がややこしくなるので省略するが、要は機体を傾けたい方向に操縦ホイールを傾けるというわけである。

正面の下のほうには、左右に二つ、四角いペダル(ラダーペダルという)があり、機長の両足は、その上に置かれている。これは方向舵の調節と車輪のブレーキの両方を兼ねている。左に旋回したいときは左側のペダルを、右に旋回したいときは右側のペダルを奥に踏みこみ、それによって垂直尾翼についている方向舵が向きを変える仕組みだ。

一方、地上を走行している際には、足の爪先の部分でペダルの上部を踏むことによって、車輪にブレーキがかかる。車輪も左右にあるから、両足のペダルを踏みわけることによって、それぞれの車輪のブレーキのかかりぐあいを微妙に変えることができる。

このようにして両手両足をすべて使い、スラストレバー、操縦ホイール、二つのラダーペダルをあやつることによって、機長は飛行機を飛ばしているわけだ。実際の操縦は、それぞれのレバーやペダルをばらばらに動かしただけでは、飛行機のバランスが保たれないので、けっこう難しい。

たとえば空中でゆるやかに左に旋回する場合を例にあげてみよう。まず当然のこととして、方向舵の向きを変えるために左足のペダルを奥に踏みこむ。そうすると、それとケーブルでつながっている右足のペダルが自動的に手前にくるので、右足を踏む力は必要なくなる。

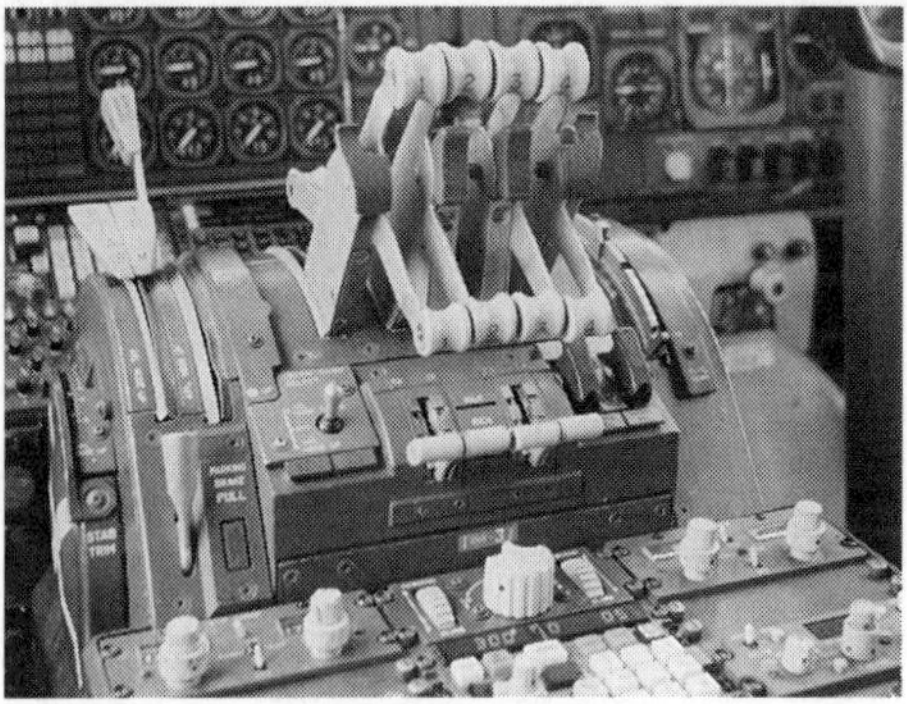

スラストレバー

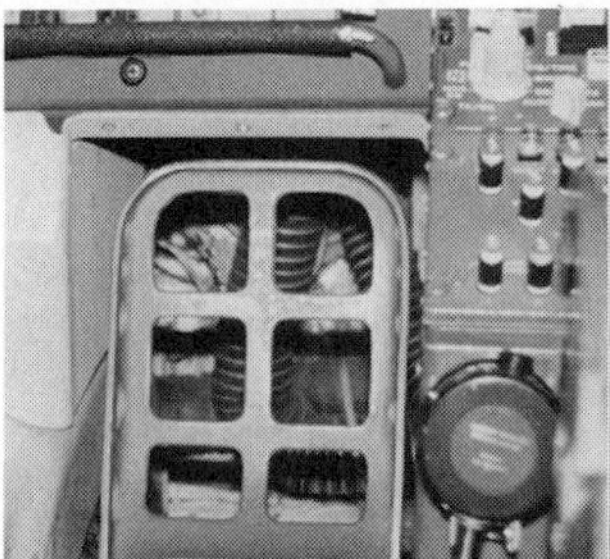

ラダーペダル

操縦ホイール

それと同時に、自転車で左に曲がるときのような感じで機体を左に傾ける必要があり、そのために左手で操縦ホイールを動かす。機体が傾くと、今度はそれによって翼にかかる揚力が減り、そのままでは下降してしまうため、そうならないよう、右手でスラストレバーを少し押して、エンジン出力をあげる。

以上の動作を、同時に、バランスよくおこなわねばならないわけだ。

このほかにも、離陸や着陸の際に使用する主翼のフラップを出し入れするレバーとか、車輪を下ろしたり引っ込めたりするレバーとか、いろいろなものがあるけれども、それらには常時さわっているわけではない。

また、すでに両手両足がふさがっているので、機長一人ですべて操作するのはできない相談である。したがって、それらを操作する必要があるときには、隣の副操縦士や斜め後ろの航空機関士にオーダー（指示）を出して、やってもらうのが普通である。

パイロットのトイレはどうなっているか？

機長席の前方には、当然のことながら、窓がある。さほど大きくはない。上下の幅が一メートル弱くらいのものか。左側にも二つの窓があるけれども、自動車のようにバックミラーはついていない。飛行機が空中でバックすることはありえないので、それは別にかまわないのだが、困るのは真下が見えないことだ。

なにしろジャンボの機体は巨大であり、操縦席の窓は、地上のビルにあてはめると、三階か四階の高さに相当するのだそうだ。空を飛んでいるときはいいが、離陸や着陸そして地上滑走の際には、これが障害になる。自分の足元に何があるのやら、さっぱりわからないのだ。着陸のときには、脚が滑走路面からどれくらいの高さまで来ているのかも、自分の目で確かめることは正確にはできないので、このへんはもっぱら勘と経験と計器に頼るほかない。

操縦席の高さは機種によって異なるので、現実問題として、私たちパイロットは他の機種を操縦するのはたいへん困難である。担当する機種が変わる場合には、あらためて最初から訓練をやりなおして、試験を受け、それをパスして新しい機種の操縦資格をとらねばならないことになっている。その一つの大きな要素が、この操縦席の高さの感覚を正しく身につけることであろう。

そして計器盤には、手のとどくかぎり左の端から右の端まで、百を優に越えるほどの膨大な計器やスイッチのたぐいがひしめいている。素人の方にもわかりやすいのは、飛行機の傾きぐあいを示す水平儀だろう。

丸い形をしていて、上半分がライトブルー、下半分がグレーと、鮮やかに描きわけられている。その境界の水平の線が、地平線を意味しているわけだ。そのほぼ真ん中に飛行機の姿勢を示すマークが出ている。それによって、機体が上下、左右にどれくらい傾いているかが一目でわかる。それ以外には、飛行機の上昇・降下角度を示すメーター、速度計、高度計など、いちいちあげていけばきりがない。

私たちが操縦席について、まず最初にやる仕事は、これらの計器類を点検して正常に作動しているかどうか調べることである。

というのは、前に操縦したパイロットたちは降りるときにスイッチを切っていることが多いので、あらためてつけなおし、正常に作動しているかどうかを確かめる必要があるのだ。ひとつでも異常があったりしたらたいへんなことだから、二度も三度も見なおして、万全を期す。

それがひととおり完了すると、コックピットの三人で確認の作業をおこなう。紙に書かれた百数十項目におよぶチェックリストを、一人が読み上げ、全員で計器類を見て正常で

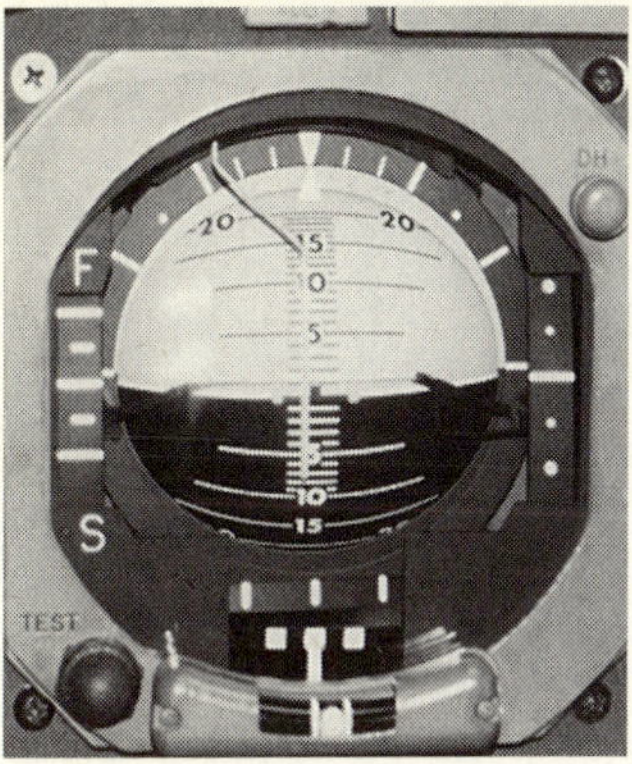

水平儀

あればそれを復唱していくという形で、ひとつひとつ確かめていく。

なお、最新型のジェット機には、自分がどこにいるのかが目で確かめられるように、飛行機を中心にして周囲の地図を描き出す、いわゆる「マップ」がついているが、私たちのＢ７４７は少々古い型に属するので、このマップはついていない。それでは、自分がどこにいるのかを、どうやって知るのかというと、もっぱら計器が頼りである。

その一つは、ジャイロである。ジャイロの原理は、簡単にいえば、数個のコマを超高速で回転させて、それらの姿勢を安定させ、それを出発点の基準としてコンピュータに覚え込ませる。それとともに、出発点の地球上の位置、すなわち緯度と経度を正確にコンピュータに打ち込み、これもコンピュータに覚えてもらう。そうすると、そこから先は、飛んでいるあいだにかかった加速度の数値などをもとに、コンピュータが微分積分の複雑な計算をして、それぞれの時点での飛行機の位置をはじきだしてくれるのだ。

このジャイロを用いた装置をＩＮＳ（Inertial

Navigation System：慣性航法装置）といい、いろいろな航法用のデータや機体の姿勢を示すもっとも重要なものである。ＩＮＳのスイッチを入れてから、使用可能になるまでに五分くらいかかる。

また、飛行計画の通過地点をコンピュータに覚えさせるため、それぞれの地点の緯度と経度を打ち込む必要があり、多いときは三十数ヵ所ほどにのぼることもあり、そうとう気をつかう。たとえば東経と西経をまちがえるというような極端なまちがいは、コンピュータのほうで受けつけてくれないので、かえって心配ないが、むしろ恐いのは、緯度や経度にして数度くらいの、コンピュータが受けつけてくれる範囲内のわずかなまちがいである。

そのようなことにならないよう、二度も三度も確認し、しばらく間をおいてもう一度というぐあいに、何度も何度も確かめる。最新の機種では、これを人間が手で打ち込むかわりに、カードを差し込むと自動的にコンピュータに入力されるようになっているようだ。

だが、それにしても、入力されたデータが本当に正しいかどうか慎重に確認せねばならないことにかわりはない。どのパイロットも、この作業は真剣におこなっているが、もし万が一、この緯度と経度の打ち込みにまちがいがあったりすれば、大問題となるにちがいない。

ただ、このジャイロも、つねに絶対に確実かというと、そうは言いきれない。前にも少しふれたように、地球の自転などの影響で、飛んでいるあいだに微妙な誤差が出てくるので、ときどきその誤差を修正するという作業が必要になる。

自分の位置を知るもう一つの手段は、日本の各地、そして世界のいたるところに設けられた電波局から発信する電波を用いる方法である。その一つがＶＯＲＤＭＥ（VHF Omni Range Distance Measuring Equipment）とよばれるシステムで、飛行機のほうでは、これを受信することによって、電波局の方向と、そこまでの距離が計器に出てくるようになっている。

たとえば成田から銚子に向かっているときには、後方の正面に成田からの電波、前方の正面に銚子からの電波をとらえれば、飛行機がその両地点を結ぶ直線上を飛んでおり、銚子からどれくらいの距離のところまで来ているということがわかる。

それ以外にも、さまざまな電波が空の上では飛びかっており、それらのデータを計器から読み取り、脳裏に日本地図あるいは世界地図を描き、頭の中でパチパチと計算をして、いったい自分がどこにいるのかということを、つねに考えているわけだ。また、それらのデータをもとに、ＩＮＳの誤差を修正するのである。

航行中、パイロットの目は、常時これらの無数の計器を視野にとらえ、なおかつ前方の空を見ている。なにかの異常が発生すれば、ただちに対処せねばならない。

幸いなことに最近の飛行機は昔とくらべればだいぶ進化して、異常があればただちにコンピュータがそれを見つけて、知らせてくれるようになっている。システムごとに小さなランプがついていて、それが緑なら正常、オレンジ色になると異常、赤色になったら大異常で即座になんらかの対策をとらねばならない、というぐあいだ。

一方、パイロットの耳は、ヘッドホンを通じて、さまざまな周波数で送信されてくる音を聞いている。地上の管制からの通信、航空会社内部の連絡用通信、それに全世界で共通に指定されている緊急連絡用通信がある。これは、たとえば洋上で飛行機が故障したとか、どこかに不時着したとかいうので、「助けてくれ！」というときに送信する電波である。この三つは、最低限いつも聞いていなくてはならない。

このように、まさに全身をフル稼働させてパイロットは飛行機を操縦している。何時間ものフライト中、席を立つのは、トイレに行くときくらいである。それも、パイロット専用のトイレがあるわけではなく、操縦席から這い出て、お客さま用のトイレをこっそりと使わせていただいている。

高々度を飛んでいる際に機長がトイレに行く場合は、副操縦士が操縦を担当するわけだが、いつ非常事態が起きないともかぎらないから、そのあいだ副操縦士は酸素マスクをかけることが法律で義務づけられている。副操縦士がトイレに行くときも同様で、そのあいだ機長は酸素マスクをかけていなくてはならない。

パイロットの律儀な関係

つぎに、副操縦士席のほうであるが、ここには、機長席とそっくり同じ飛行計器が、中央のスラストレバーをはさんで左右対称に、一つ残らず完璧にそろっている。ペダルも同じなら、操縦ホイールも同じである。そして、これらのペダルや操縦ホイールは、機長席にあるものと連動するようになっている。

連動するとはどういうことかというと、たとえば機長が左足のペダルを踏んだとすると、垂直尾翼の方向舵が動くとともに、それにともなって副操縦士席の左足のペダルも自動的に同じだけ動くということだ。逆もまたしかりで、もし副操縦士が右足のペダルを踏めば、機長席の右足のペダルが自動的に動くことになる。

両者のペダルがつながっている、といってもいいだろう。左席のものと右席のものを別別に動かすことはできない。どちらかを動かせば、もう一方も同じように動くようになっている。

ならば、もしも同時に機長が左足のペダルを踏み、副操縦士は右足のペダルを踏むという、相反する操作をしたら、どうなるのだろう。あくまでも仮定としての話だ。その結果は、踏む力の強いほうが勝つ。操縦ホイールも同様である。

もちろん、そんなことがあってはならないので、航行中はかならず機長か副操縦士のどちらか一方が操縦し、両方で同時に操縦してはならないことになっている。

たとえば、機長が副操縦士に操縦をまかせていたが、そのうちに、「下手な操縦だなあ。とても見ちゃおれん」というので、やはり自分で操縦したくなったとしたら、「アイ・ハヴ（私がやります）」と声をかけて、操縦ホイールを握る。その声を聞いたら、副操縦士は即座に「ユー・ハヴ（あなたがやってください）」と答え、手をはなすのである。

こうして、機長と副操縦士は、声をかけあいながら、操縦をバトンタッチしていくわけである。

さて、ここでようやく先の質問の答えになるのだが、機長席と副操縦士席では、基本的

ボーイング747-400のコックピット

な操縦の面から見るならば、なんのちがいもない。まったく同じであり、どちらが上でも下でもない。

しかし、コックピットのルール上からいうと、両者には決定的なちがいがある。それは、機長と副操縦士のどちらが操縦するかを決めるのは、常に機長である、ということだ。

いくら副操縦士が自分で操縦したくとも、機長が「アイ・ハヴ」と言ったら、身をひかねばならないのだ。その決定権は、あくまでも機長にある。それゆえに、もしも副操縦士が操縦中になんらかの失敗をしたとすれば、機長も責任をとらねばならない。なぜなら、その副操縦士に操縦をまかせたのは機長だからだ。航行の全責任は機長の上に重くのしかかっているのである。

掟《おきて》破りの副操縦士

とりわけ私が副操縦士になりたてのころは、機長の指示は絶対とされていた時代であった。いくら腕力に自信のある副操縦士であっても、機長が操縦しているのを途中で横取りするようなことは、絶対にしてはならなかったのだ。

しかし、これは本当は内緒にしておきたい話なのだが、実をいうと、その絶対にしてはならないことをやってしまったことが、私の生涯に一度だけある。

今から三十年ほど昔、私が副操縦士になってしばらくたったころのことだ。日本人の機長がまだ少なかったので、外国人の機長が多く採用されており、そのときも、外国人の機長と副操縦士の私という組み合わせで飛んでいた。

いよいよ着陸態勢に入り、機長が操縦していたのだが、私が見ていると、低い高度に降りて浅い角度から滑走路に入っていこうとしている。今では全世界のパイロットの共通認識として、着陸時の降下の理想的な角度は三度というのが、常識として定着しているが、当時はまだ、そのあたりの航空技術は個人の裁量にまかせている面が強く、人によって低いところから浅い角度で入っていくのが好きな人もいれば、深い角度で入っていくのが好きな人もいるというぐあいで、パイロットにもいろいろな個性があった。

私自身も、航空大学校で低めの好きな教官から訓練を受けたこともあって、どちらかというと低めが好きなほうだったのだが、このときの外人機長は、そんな私ですら驚くほどの低さまで下がっていこうとしている。いくらなんでも、これでは低すぎて、着いたとしても滑走路ぎりぎりである。危ない。思わず「トゥー・ロー（低すぎる）！」と叫んだのだが、それでも外人機長は平然として、修正しようとはしない。本人はそれで大丈夫なつもりなのかもしれないが、私の感覚からすると、とても見てはおられない。

それで、つい手を出してしまったのである。副操縦士の私が、「アイ・ハヴ」と怒鳴って、操縦ホイールを握る手に力をいれ、機長から操縦を奪ってしまった。

結果的には無事に着陸できたのであるが、副操縦士としては、してはならないことをしてしまったわけで、さすがに後味が悪かった。さんざん叱られるだろうと覚悟していたら、意外に外人機長は平静である。機長の寛容というものでもあったのだろうが、逆に「オーケー」となぐさめられてしまった。

これが私の航空人生でただ一度の掟破りだが、あとで聞いたところによると、その時期には、同様の経験をしたパイロットは私一人ではなく、他にもけっこういたようで、「そういえば、俺もやったことあるよ。危なっかしくて、とても見てられなかったんだよな」というような話を、パイロット仲間から何度か聞いた。

ベルト着用のサイン

操縦室をコックピットというのに対し、一方の客室のほうはキャビンという。私たち操縦室にいる者はコックピット・クルー（運航乗務員）で、客室のほうはキャビン・クルー（客室乗務員）である。そのキャビンに目を移してみよう。

飛行機が地上滑走、離陸、上昇してしばらくすると、「ポーン」と音がして、シートベルト着用のサインが消える。そうすると、お客さま方も、「やれやれ、やっと窮屈なベルトから解放される」というような安堵《あんど》の表情になるが、それと同時にきびきびと動きだすのが、キャビン・クルーの面々であろう。待ってましたとばかり前や後ろに小走りし、お客さま方へのサービスの準備にとりかかり出す。やがて機内アナウンスがあり、「ベルト着用のサインは消えましたが……」というような説明がなされる。

　ベルト着用のサインを消すのは私たちコックピット・クルーの役割だが、機内アナウンスのほうはキャビン・クルーがやっているので、正確な台詞《せりふ》は覚えていない。だが、注意して聞いていただければ、「消えましたので」ではなく、「消えましたが」と言っているのではないかと思う。同じことのような気がするかもしれないが、実はこのちがいは大きい。その理由を知りたい方は、今度、飛行機に乗ったときに、そのあとの台詞に耳を澄ませ、よく聞いてみてほしい。

　このあたりの事情をよくわかっていただくためには、舞台を再びコックピットに戻す必要がある。

　いつベルト着用サインを消すかを決めるのは、操縦しているパイロットである。

　これが案外と難しい。消す操作自体はスイッチ一つだから簡単そのものだが、問題はそのタイミングである。判断の基準は、これから飛行機が揺れる可能性があるかどうか、である。

　仮に離陸と上昇がスムーズにいって、今はちっとも揺れていないとしても、すぐ前方に積乱雲があり、それを回避して飛ばねばならない、といった局面では、ベルト着用サインはつけておく必要がある。なぜなら、積乱雲のわきを通る際に、気流の乱れで機体が突然揺れる危険性が大いにあるからだ。

そのときにベルト着用サインが消えており、キャビン・クルーは動きまわるわ、お客さまはベルトをはずしてくつろいでいらっしゃるわという状況だったら、突然の揺れがたいへんな迷惑をおかけすることになってしまう。機長としては、そのような事態は極力避けねばならない。だから、サイン一つ消すのも慎重である。

前方の雲の状況はもとより、さまざまな計器が示しているデータ、事前に報告を受けている気圧配置や気流の状態、さらには先を飛んでいる飛行機から送信されてくる報告まで、入手しうる情報をすべて頭の中で総合し、「これなら大丈夫。揺れるはずはない」と確信してはじめて、ベルト着用サインを消すという重大な決断を下しているのである。

これはパイロットがいつも頭を悩ませている問題である。機長としての本音を言わせていただくなら、離陸から着陸までずっと禁煙サインとベルト着用サインがつけっぱなしになっていて、お客さま方が所用で席を立たれる以外はベルトをつけておられるとなれば、どんなに楽なことだろうと思う。

しかし、そういうわけにもいかない。キャビン・クルーはサービスができないし、お客さまだって少しは身体を動かしたいだろう。だから自分のありったけの知恵をしぼって、先を読み、揺れないことを予測して、なるべくお客さま方にくつろいでいただけるよう、ころあいを見計らってサインを消すわけだ。

だけれども、なにごとにも絶対ということはないのが、世間であり、自然というものであり、気象条件である。いつなんどき機長の予測が裏切られないともかぎらない。機内アナウンスで「ベルト着用のサインは消えましたが……」と、それでも安全のためにベルト着用をすすめるのは、こうした事情があるからなのである。

巡航に潜む落とし穴

それはともかくとして、ベルト着用のサインが消え、巡航に入るころになると、キャビンのお客さまと同様に、コックピットの雰囲気もしだいにリラックスし、クルーどうしで会話をかわし、冗談の一つや二つも出てくるようになる。

ということは、逆にいえば、それまではあまり会話はなかったということになる。まさかと思うかもしれないが、これは事実であって、私たちコックピット・クルーは、離陸と着陸の際には、操縦のために必要なやりとりや航空管制などとの交信をのぞき、私的な会話はしてはならないことになっている。世界中のすべてのパイロットが必読の『事故防止マニュアル』というものがあり、その中にもはっきりと、このことは明言されている。

離陸と着陸の前後は、よけいなことをしゃべってはならない。このときのコックピットを「サイレント（沈黙の）・コックピット」という。世界の航空史をふりかえると、生死につながるような大事故のほとんどがこの離陸と着陸の際に集中しているからである。パイロットにとっては、最大限の緊張を強いられる時間であり、実際問題として、世間話をしている余裕は、まったくない。

巡航に入るとともに、その離陸時の緊張が解け、ほっと安心するのではあるが、まだパイロットは気を抜くことはできない。

一見なにごともなく平穏にいきそうに見える巡航のなかにも、おうおうにして危険な落とし穴が待ちかまえていることがあるのだ。

巡航というのは最も速いスピードで飛んでおり、自動車の運転と同じで、そんなときには、ちょっとした気流の乱れがかなりの衝撃をひきおこす恐れもある。用をたすのになにかにつかまりたくなるくらいの揺れならよいけれど、ドーンと揺れた拍子に、通路を歩いているスチュワーデスがふっとばされたり、お客さまが天井に頭をぶつけたりするようだと、えらいことになってしまう。そうならないよう、パイロットは目を見張り耳を澄まし、前方にいったい何があるのかを予測していなくてはならない。

ときならぬ衝撃をもたらす要因は、いろいろある。

まず、天気予報でよく出てくる、いわゆる前線。南方海上からの温かい気団と大陸からやって来た冷たい気団が接しているところでは、その境界面に乱気流ができている場合が多いから、危ない。

雲があれば、その雲の様子で、気流の様子を察知することができる。層状の雲の場合はよいけれど、積雲などの垂直方向に立っている雲は、かならずその中に上昇・下降気流が吹いているから、これも危ない。

どんどん上昇していくと、対流圏を突き抜け、その上の成層圏に達するが、この両者の圏界面もまた注意を要するところだ。

さらに、上空の前線にそって吹いているジェット気流がある。これはだいたい西から東に猛烈なスピードで吹いている。私の経験では最大時速四百キロに達するジェット気流に出会ったことがある。

たとえば成田《なりた》からサンフランシスコへというように、西から東に航行する際には、この流れにのって、飛行時間を大幅に短縮することができたりもするのだが、実はこのジェット気流はときおり曲がりくねって吹いており、とくに流れの向きが急に変わっているようなところは、気流の乱れもそれだけ激しく、非常に危ないことがある。

そこで、時間を節約するためにジェット気流には乗るけれど、揺れがあった場合には、あえてジェット気流には乗らず、わざとはずして飛ぶ。それでも、いつのまにかジェット気流に近づいてしまったりすれば、やはり揺れてしまう。なんとかうまいぐあいに、揺れそうなところは避け、揺れなさそうなところを選んで飛んでいかねばならないのだ。

参考までに、一つの例をあげてみよう。巡航時の高度は、東向きの航路と西向きの航路がたがいちがいになるように設定されており、それによって絶対に衝突はしないようになっているのだが、指定された高度を巡航していると、たまたまそれが層雲のちょうど上あたりに位置する場合がある。あたりは層雲ばかりだから、気流は安定しているので、安心して飛んでいられる。

ところが、層雲の下になって見えないところに実は積乱雲が隠れていて、その頂上が、ボールペンの先のように、ほんのちょっとだけ層雲の上に突き出ていたりする。そこは大いに揺れることがあるのだ。間が悪くそこが航路にあたっていたら、ぐるりと遠まわりしてよけねばならない。高速道路の真ん中に釘が出ているようなものといえば、想像できるだろう。危険なことこのうえない。

しかし、そういった危険な場所がどこにあるかは、慎重に前方および計器類を眺め、あらゆる情報に精神を集中していれば、けっこう早めに予測できることが多い。だから、巡航時でもパイロットは気を抜けないのである。

「奥さんはスチュワーデスですか？」

とはいえ、離陸や着陸時に要求される緊張度とくらべたら、巡航時はかなり楽なものである。ある程度はリラックスでき、またこのあたりで適度にリラックスしておくことが、やがてくる着陸時の緊張に備えるためにも、必要なのである。

コックピット・クルーたちも、ようやく離陸時の沈黙から解放され、気楽な会話が出てくるようになってくる。『事故防止マニュアル』には、もちろん「どんどん無駄話をしなさい」とは書いてないが、「絶対に私的な会話をしてはいけない」とも書かれてはいない。

しんみりむっつりのだんまりよりは、ほどよい範囲のおしゃべりはしていいものと私は解釈している。

操縦を自動操縦にセットし、操縦席のリクライニングを調節して姿勢を楽にし、お茶やコーヒーを飲みながら、成田に帰るところであれば、「いやあ、昨日ホテルで食った晩飯はまずかったねえ」とか、クアラルンプールに向かう便であれば、「クアラに着いたら、どこで飯食おうか。どこかいいとこ知ってる?」などといった、たわいもない雑談をしている。

たとえばニュージーランドのオークランドに向かう途中であれば、初顔合わせの相手なら、私はゴルフが趣味なので、「君の趣味は何? ゴルフなんか、どう?」と探りを入れてみる。「いや、ゴルフはやりません。サイトシーイングに行きたいんです」などと答えられると、がっかりする。

ニュージーランドには安くて快適にプレイのできる私のお気に入りのゴルフ場がたくさんあるのだ。しかし一方、楽しく観光のできる場所も数多いらしく、若者はそちらのほうにとられてしまい、私は寂しく一人でコースをまわるはめとなるのである。

そんなぐあいで、なにを話題にしようとけっこう。ただし、自社のスチュワーデスの悪口だけは絶対に言ってはならない。

「わが社のスチュワーデスもねえ、もう少し……」などと口にしようものなら、隣の若い副操縦士あるいは斜め後ろの航空機関士が、頭をかきながら言いにくそうに、「実はうちの家内もスチュワーデスでして……」というようなことになり、その後の関係が気まずくならないともかぎらない。

余談だが、人と話をしていて、私が結婚していると知ると、きまって聞かれるのが、「奥さんはスチュワーデスですか?」という質問である。パイロットはスチュワーデスと結婚するものと変な期待をされているもののようだ。

私自身は航空大学校を卒業し入社して間もない頃に結婚したが、残念ながら相手はスチュワーデスではない。私と同期のパイロットには、早くも航空大学校在学中に結婚した者もいる。とにかく男も女も早く結婚するのが美徳とされていた時代である。スチュワーデスたちの顔を見るよりも先に結婚したり婚約した者がけっこういたのである。

したがって、そのころは、パイロットどうしで何を話題にしても、別に角が立つようなことはなかった。しかし、時代は変わった。若いパイロット諸君のなかには、入社してきてから、スチュワーデスと結婚している者も少なくないようだ。したがって、不用心に余計なことを口にすると、角が立つのである。

ヴォイスレコーダーの秘密

飛行機事故が起きると、かならずといっていいほど新聞に出てくるものが、「ヴォイスレコーダー」という言葉だ。これは何かというと、コックピット内の会話を録音しているテープレコーダーである。

したがって、私たちが世間話をしていれば、それもぜんぶ録音されている。コックピット内の三人しか聞いていないと思いきや、私が「あのコーパイさんは人もいいし、ゴルフの腕もいいぞ」などと話していると、実はそれもみんなヴォイスレコーダーが耳をそばだてて聞いているのだ。まさに壁に耳あり障子に目あり、操縦室にヴォイスレコーダーあり、なのだ。

しかし、だからといって気の毒に思ってくれる必要はない。実はこの装置には、秘密が隠されているのである。入っているのは、普通のテープではなく、三十分のエンドレスなのだ。前の録音を消してその上にかぶさって録音されていくから、人間の記憶力みたいなもので、三十分よりも前のことは、どんどん忘れていってくれる。だから、巡航中に私たちがどんな馬鹿馬鹿しい話をしていても、着陸したときには、その会話の内容は、すでに消されていて残ってはいない。

なぜ三十分のエンドレスかというと、この装置の目的は、万が一事故が発生した場合に、その直前のコックピット・クルーたちの会話を再現することにあるからだ。私たちの内緒話を盗み聞きして監視するためにあるわけではない。

仮に私たちがなんらかの事故に遭遇し、不幸にして私をはじめコックピット・クルーが全員死んでしまったとしよう。コックピットで何が起きたのか、思い出して証言する者は一人もいない。その際に、このヴォイスレコーダーが残っていれば、事故直前のクルーたちの会話を聞き、そのときの模様を知り、それを原因解明のヒントにすることができる。

こうした一連の作業を称して、「ヴォイスレコーダーを解析《かいせき》する」というわけだ。必要なのは、事故直前の会話である。だから、三十分。それ以上の録音は必要ないのである。

だから私たちとしては、なにかの事故に遭遇しそうになったら、解析の資料にしてもらうために、いろいろなことをしゃべっておいたほうがいいのだろう。

たとえば——

私「今日は調子よくいってるねえ。このフライトはいただきだな」

副操縦士「おや、キャプテン。右側になんか変なものが飛んでますよ」
私「え、何だって？」
副操縦士「だんだん近づいてくる。ＵＦＯじゃないですかね」
私「しっかり見てみろ。あわてるな」
副操縦士「あれれ。なんか動いていたのが、止まっちゃいましたよ」
私「動かなくなったって？　それは止まったんじゃなくて、まっすぐこっちに向かって来ているってことだよ」
副操縦士「え、本当ですか。それじゃ、どうしたらいいんですか？」
私「とにかく、このままじゃぶつかっちゃうから、かわさなきゃ。左に旋回するぞ」
副操縦士「まだ追いかけてきますよ」
私「それじゃ、ふつうの飛行機じゃないことは確かだな。ひょっとしたらミサイルかもしれんぞ」
副操縦士「キャプテン、冗談いってる場合じゃないですよ。あわわ。迫ってきた。本当だ。ミサイルだ。ぶつかる！」
と、このような会話を残しておけば、のちほどヴォイスレコーダーを解析していただき、私たちの飛行機が「正体不明のミサイル状の物体に撃墜された可能性が高い」というような報告が出されることになるのであろう。

ゲートウェイ

以上の会話は、あくまでも架空のたとえばなしで、そんな事態には絶対なってほしくないものである。

だが、仮になんらかの邪悪集団が私の飛行機を撃ち落とそうとねらっており、彼らが私の飛んでいる航路を知り、ある場所を何時に通過するのかもわかっているとしたら、その時刻にその地点にミサイルの照準を合わせて発射すれば、撃墜される可能性が高い。

というのは、今日では航空技術が進歩して、飛行機の航跡は非常に精度の高いものとなっており、ほとんど航空路と同じ一本の線といっていいほどである。たとえば、日本からハワイに行くのに、ＩＮＳや電波を頼りに一直線に進んで行ったとして、ほとんどずれることなくハワイの手前までたどり着くことができる。誤差があったとしても、せいぜい数キロくらいのものにすぎない。空は広くても、飛行機が通る空の道はきわめて狭いのである。

そんな定められた航路を、でかい図体をしたジャンボが正確に通っていくのだから、狙いをつけるのはきわめて容易である。いくら当方のジェット機の速度が速くても、向こうのミサイルがそれを上回る速度で追いかけてくれば、とても逃げきれるものではない。

そう考えてみると、飛行機の安全な航行というものは、一つには世界の平和に支えられているといっていいのかもしれない。安心して操縦席に座っていられるのも、世の中が平和なおかげなのである。

かつて私は、湾岸戦争の際に、湾岸地域で働いていた東南アジアの人々を救出するフライトを担当し、ロンドンから飛んでエジプトのカイロに入っていったことがある。少々のことはあるだろうと覚悟して行ったのだが、いざ湾岸地域の近くまでくると、まわりをアメリカ軍の輸送機らしき暗緑色に塗装した飛行機が飛びかい、その交信している声が通信に入ってくる。やはり非常に緊迫した雰囲気を感じた。

カイロの空港では、銃を構えた軍人たちに周囲をとり囲まれる中で、避難民たちを飛行機に収容する作業だ。その軍人たちが外を向いているのならまだしも、私たちのほうを向いて監視しているのだから、あのときの恐さといったらなかった。早くこんなところから飛び立って逃げだしたいという気持ちでいっぱいだった。つくづく戦争というのはいやなものであると感じた。

さて、目的地の空港の手前にあるのが、ゲートウェイ、すなわち空の玄関口である。空港ごとにこのゲートウェイの地点が定められており、着陸する飛行機はここを通って空港に近づいていくのだ。

もちろん空の上だから標識が出ているわけではない。前述のように計器飛行でそこをめがけて飛んでいき、その近くまで来ると、空港から発信されている電波をとらえ、誤差を修正するとともに、そこから今度は空港に向かって着陸するためのコースに入っていくのである。

そのあたりで私たちは、空港の管制に通報し、ゲートウェイを通過する旨を伝える。管制のほうでも、レーダーで私たちの飛行機をとらえていて、「お、JAL××便がゲートウェイに来たな」と確認するのである。最近のレーダー技術は非常に進歩していて、飛行機の飛んでいる地点ばかりでなく、高度や速度、さらには便名までがわかる。インチキをしようとしても、できないようになっているのである。

まだ空港そのものは、はるかかなたで目には見えないのだが、このあたりから飛行機はじわじわと降下して着陸態勢に入り、コックピットの雰囲気もしだいに緊張してくる。ここから先は冗談ぬき。再び沈黙のコックピットになっていく。

そのときどきの気象条件などに応じて、さまざまな事態を予想して、「こういう場合には、こうする」という綿密な打ち合わせを三人でしておく。着陸用のチェックリストが読み上げられ、きちんと着陸の準備がなされているかが確認される。やがて空港の管制からの通信で着陸の許可が伝えられる。

そして、機長、副操縦士および航空機関士の三人とも「よし、行くぞ」とばかり姿勢を正し、気合を入れなおして、空港への最終的な入口であるアウターマーカーを通過し、滑走路に向かっていくのである。

横風と豪雨の中を強行着陸

その沈黙のコックピットの中で、何が起きているのか。また、何が起こりうるのか。その一つの例として、今度は、私の航空人生上で最悪ともいうべき、肝を冷やした着陸の話をすることにしよう。いささか話は古くなるが、今から二十数年ほど前のこと。場所は羽田空港。そのとき私が操縦していた飛行機はDC-8であった。

木更津《きさらづ》の方角から東京湾を越えてきたところ、羽田の周辺はすさまじい豪雨で、雲が低くたれこめ、強い南風も吹いていた。

羽田は二本の滑走路が十字に交差する形をしていた。これは、風向きに応じて使う滑走路を変えるためだ。飛行機が離陸や着陸をする際には、向かい風を受けるような形で飛ぶのが基本とされている。長さに限界のある滑走路では、追い風のときは離陸や着陸がそれだけ余裕がなくなってしまうのだ。また横風を受けたときも、その風の力で横向きに流されやすくなるから、離着陸が非常に難しくなる。

そのため、年間を通じて最も多い風向きの方角に合わせて主滑走路を設け、その主滑走路が横風が強くて使えないときのために、もう一本副滑走路をつけたしてある。それぞれの滑走路は逆向きにも使えるから、あわせれば四つの向きの離陸や着陸ができることになるわけだ。

さて、そのときは、海の方角から主滑走路に入ろうとすると、追い風が強すぎて着陸ができず、だからといって反対側にぐるりとまわって向かい風を受けて降りるのも、雲の高度が低すぎて、だめであった。着陸するには、こうした気象条件がいろいろと定められており、それらをすべて満たさないと、許可が出ないのである。

こうして結局、最終的に羽田空港の管制から出た指示は、南西向きの副滑走路のほうを使うことにし、東京湾の東岸をまわり、浦安のほうから多摩川の方向に向かって進入せよ、というものであった。ただし、これだと、もろに左から横風をくらうことになってしまう。

元来は主滑走路が横風で使えないときに備えてつくられた滑走路に横風を受けながら入るのだから、かなり変則的な着陸である。だが、そのときは、それしか方法がなかったのだ。この滑走路の横風の強さは、ほとんど制限いっぱいではあったが、ぎりぎりで条件を満たしていた。

東京湾の上を飛びながら、かなり難しい着陸になるのは十分に予想できていたので、私としては、着陸できるかどうかは五分五分とふんでいた。航空管制のほうも、着陸できない可能性があることを考慮していたのだろう。そもそも羽田に降りるには他に手段がないのだから、しようがない。そこで、雲の中を計器飛行でぐるりと旋回し、滑走路への進入コースに入っていった。

雲の下に出ると、案の定、雨が降ってはいたものの、滑走路はなんとか見えた。これなら大丈夫。いざ着陸。と、そこまではよかったのである。その直後から雨足が急に激しさを増し、雨が前の窓ガラスを滝のように打ちはじめたのである。

DC‐8という飛行機は、操縦席の前の窓ガラスの視界を保つしかけが特殊で、ワイパーがついていなかった。そのかわりに、ジェットエンジンの高圧の空気をひいてきて、それを窓の下のところから噴《ふ》き出させ、ガラスの表面にへばりついた雨滴を吹き飛ばすのである。

もちろん通常の雨ならそれで十分に見えるようになるのだが、このときの雨はすさまじかった。視界のきく部分が、滝のような雨でどんどん狭くなっていく。私はそのわずかな隙間から前方をのぞくようにして操縦し、なんとか着陸には成功した。

手順どおりに、両翼の抵抗板を立て、まだ空中に支えられている機首を少しずつ下げてやりながら、逆噴射をかけ、車輪のブレーキをかけ、飛行機を止めようとする。ところが、エンジンをしぼったので高圧空気が弱まり、そのためにまったく前が見えなくなってしまったのだ。

そして、ひょいと左側の窓から横を見て、びっくりした。滑走路の端を示すランプの列がかなり離れたところに見えるのである。ということは、飛行機は滑走路の中心線上ではなく、かなり右よりに流されてしまっているということだ。このままでは滑走路からはみ出してしまう。

危ない。これ以上、右に流されるのは、なんとしても防がねばならない。私は懸命になって、方向舵ペダルを踏み、向きを左に変えようとした。地上滑走しているときも、空中を飛んでいるときと同様に、このようにして垂直尾翼についている方向舵をきることによって、向きを変えることができるのだ。

ところが、やはり空を飛んでいるときとくらべれば速度が減ってきているから、それが十分にきいてくれない。左側の滑走路端のランプがますます遠のいていく。すでに私の両手両足はぜんぶふさがっていて、これ以上なにもする手だてはない。絶体絶命である。

逆噴射レバー、前方車輪の舵とり、方向舵、そしてブレーキを同時に動かしているから、とんでもない奇妙きてれつな恰好になっていたことだろう。

ふと右側の副操縦士に目をやると、顔面蒼白になり、完全に硬直状態である。

その瞬間に、私は「エルロンを左へいっぱいきってくれ！」と叫んでいた。

エルロンをきるとはどういうことかというと、要は空中で左に旋回するのと同じ操作である。両翼についている補助翼の角度を変え、左の補助翼を上げぎみにし、右の補助翼を下げぎみにする。

それによって、左翼は受ける揚力がへって沈もうとし、右翼は受ける揚力が増えて浮こうとし、全体として機体が左に傾きぎみになる。本来は空を飛んでいるときにおこなう操作だが、案外と地上滑走の際にもきいてくれることがあるのだ。

はっと副操縦士がわれにかえり、エルロンをきってくれたおかげで、ようやく風によって吹き流されるのには歯止めがかかったようだ。左に見える滑走路端のランプが、ほぼ機体と平行して後方に流れていくようになった。

滑走路でスリップ

だが、悪いことは重なるものである。ようやく滑走路から飛び出すのはまぬがれたと思った矢先、車輪のブレーキが急にきかなくなってしまったのだ。

飛行機の車輪の場合も、ブレーキは自動車とほぼ同様の原理で、車輪といっしょにまわっているローターを両側から圧力をかけてはさみこんで止める、いわゆるディスク・ブレーキである。ただし、このブレーキのかけかたが、飛行機ではけっこう難しい。

接地した瞬間に、タイヤがいきなりすさまじい速度で回転しはじめる。それを止めるためには、あまり急にブレーキをかけすぎると、タイヤと滑走路面が摩擦し、パンクしてしまう危険がある。そのため、じわりとブレーキをかけて少しずつスピードを落としていく装置がついている。その装置ははたらいていたわけだが、滑走中に、スーッとすべる感じがして、減速しなくなってしまった。

原因はおそらく、滑走路上にたまった水だろう。タイヤと滑走路面のあいだに水がはさまり、ちょうどスケートをするときのように、なめらかにすべっていってしまったわけだ。ハイドロプレーンとよばれる現象である。ふつう空港では、滑走路面に水はけのための細い溝が何本も刻まれていて、水がたまらないようにしてある。だが、あまりにも短時間に大量の雨が降ったために、排水しきれずに、表面にかなりの水が残っていたのだろう。

ヘッドホンからは、管制からの通信で、「タクシーウェイB4で滑走路から出るように」という指示が聞こえてくる。滑走路から横のタクシーウェイに入るところは何ヵ所かあり、その端から四番目がB4である。B4はもう目の前だ。しかし、飛行機は猛スピードで滑走をつづけている。

B4で滑走路を出るどころか、あっというまにB4を過ぎ、前方にはもうあまり滑走路は残されていないのだ。滑走路の向こうは、数百メートルにわたって滑走路の場所を示すためのアプローチライトが並んでいるだけで、その先は多摩川だ。このままいったら多摩川に突っ込んでしまうではないか。

「いったい何が起こったんだ？」「どうしたらいいんだ？」と、いろいろな考えが走馬灯のように頭をかけめぐるが、そのあいだにも、横の窓から見える滑走路端のランプがどんどん後方に流れていく。

いま、できることは何か？　たった一つだけ、最後に残された方法があるのに気がついた。それは、ブレーキをいったんゆるめ、もう一度最初からやりなおすことである。滑走路の先がどんどん迫ってきているのに、ここでブレーキを離すなんて、恐くてとてもできない。しかし、他に手段はない。もう考えている時間はないのだ。

これに失敗したらおしまいだと観念しながら、思いきって足をブレーキからいったん浮かせ、もう一度力の限り、ガツンと踏みこんだ。ぐっと速度が落ちてきた。ようやくブレーキがききだしたのだ。

管制からは「B3で出るように」との指示が聞こえてくる。そのB3もとっくに通りすぎた。そしてB2も通りすぎ、なんとか向きを変えてタクシーウェイに入れるくらいまで減速できたのはB1、すなわち滑走路の最後の果てであった。

ブレーキをやりなおすという決断がもう一瞬遅れていたら、まちがいなく滑走路を突き抜け、アプローチライトを踏みつぶし、あげくのはてに多摩川に突っ込んでいただろう。

まったくもって冷や汗ものの着陸であった。

なんとか気をとりなおして地上滑走をゆっくりとつづけ、タクシーウェイをぐるりとまわって、駐機場に向きなおったころ、空を見上げたら、すでに雨を降らせた雲は去ったあとで、視界はきわめて良好。私たちにつづいて南向き滑走路に着陸してくる飛行機の姿がきれいに見えるようになっていた。この穏やかな空の下で、この私が突っ走る飛行機を相手に悪戦苦闘していたなんて考えられない。そんな平和な光景であった。

無事に降りられて本当によかった。空のかなたから飛行機がつぎつぎと気持ち良さそうに舞い降りてくるのを眺めながら、私は心からそう思い、ほっと胸をなでおろすのであった。

第二章

オートパイロット

ボーイング777

「いま自動操縦なんですか？」

お客さまがコックピット見学にいらっしゃることがある。そんなとき、前述の「わー、狭いんですね！」につづいて、かならずといっていいほど出てくるのが、「いま自動操縦なんですか？」という質問だ。

その答えは、「はい、そうです」である。

だいたい巡航に入り、飲み物などのサービスも終わって、お客さまがくつろがれ、天候もよくて、しばらくは揺れないようなときには、コックピットを見学していただける場合もある。そのころはオートパイロット、すなわち自動操縦装置が活躍しているのである。ちなみに私たちは、この自動操縦装置のことを「オーパイ」とよんでいる。機長が操縦しているときであれ、副操縦士がやっているときであれ、離陸してしばらくすると、上昇中にオーパイが入れられ、巡航から、着陸する空港への進入の段階まで使われるのがふつうだ。

だが、もちろんパイロットが手動で操縦していることもあり、そういうときには、こうはいかない。

飛行機を手動で操縦するというのは、きわめて集中力を必要とする作業である。それも弓を射るような一点集中ではなく、まわりにあるすべてのものを視野に入れ、つねに全体を見ていなくてはならない。そのなかで最優先すべきことは何か、そのつぎに優先すべきことは何かということを、パイロットは常に考えている。なおかつ、なんらかの事態が生じたら、瞬時に反応しなくてはならない。

自動車や船は放っておいても水平を保っていてくれるが、飛行機の場合は、空中でその水平を保つということが、まずもって難しい。風が軽く変わっただけで、たちまちバランスがくずれる。放置しておけば、機体が傾く。飛行速度も変わってくる、というぐあいで、将棋倒しのように連鎖的に影響が広がっていき、しまいには修復するのがたいへんなまでになってしまう。

だからパイロットは、翼が風にあおられたら、その瞬間に、翼を押さえていなくてはならない。速度が低下したら、その瞬間に、エンジン出力を上げていなくてはならない。そうしないと間に合わない。「待てよ、この場合はどうするんだっけ。テキストには何て書いてあったかな」などと考えてから反応しているようでは、そのあいだに飛行機はあさっての方角に行ってしまう。

そうならないように、パイロットは、つねに起こりうるありとあらゆる現象を心の中で想定し、それに対する心の準備をしていなくてはならないのだ。また、何が生じても即座に察知できるよう、計器類に目を光らせるのはもちろんのこと、五感をフルにはたらかせていなくてはならない。

そのためには、頭脳をはっきり覚醒させて、心を澄ませている必要がある。一見なにもせずにすわっているだけであるかのように見えるかもしれないが、けっしてそういうわけではない。

お客さまにコックピットの計器や装置を説明したり、外の風景を楽しみながら写真をとっていただくような雰囲気ではないのである。

自動操縦装置で何ができるか？

お客さまに見ていただいたのは、オーパイで巡航しているところだったわけだが、もちろん、それはコックピットの場面の一つにすぎず、いつもオーパイまかせにしているわけではない。自動操縦装置をオートパイロットという一人のパイロットとみなすならば、操縦士とオートパイロットで、かわるがわる操縦をひきつぎながら航行しているようなものといっていいかもしれない。

それでは、このオートパイロットというパイロットは、いったい何ができて、何ができないのだろうか。

現に旅客便で使われている飛行機にはかならずオートパイロットがついている。上昇から巡航、進入まで使われている。さらに、条件がそろえば、着陸までやってのける。とくに最新鋭のハイテク機なら、ほとんどゼロ視界でも着陸できるすごい性能のオートパイロットをもっている。

着陸時に、約三度の降下角で降りていき、接地寸前に自動的に機首上げをしてトンと滑走路に脚をつけるところまで、きちんとやる。人間のパイロットだと電波高度計の声を聞きながら自分の判断で機首上げをするが、オートパイロットは電波高度計の測定データをもとに、しかるべき高度で機首上げをするから、接地点は正確そのものである。

機長の私が「お、なかなかやるな」と感心することもあるほどだ。

ただし、オートパイロットで着陸までするには、さまざまな条件が満たされる必要がある。この満たすべき条件というのがかなりのもので、ことこまかに書いていけば、それだけで一章をついやさねばならないくらいだ。気象条件から、地上航法施設、空港の状態、飛行機の性能、パイロットの資格など、ありとあらゆる要素が関係してくる。

たとえば、着陸の際に空港の滑走路付近の視界が規定よりも悪ければ進入できないし、横風が強めに吹いていれば、それだけで「横風は風速何ノット以内」という条件を満たしていないということで、この場合もオートパイロットでの進入は制限される。

こういった条件はあるものの、ＩＮＳと結びついたオートパイロットは、まさにレールの上を走っているように正確に航路上を飛び、操縦士の安心感を大いに高めてくれる。また、オートスロットル（自動推力調節装置）とも連携し、指示された速力を一所懸命に保ってくれる。コックピットに余裕を与えてくれる大切な働き者なのである。

自動着陸できる資格と条件

飛行機が空港に自動で着陸するためには、さまざまな資格が必要である。

まず、その飛行機自体に資格が求められる。まず第一に、どこまで精密な飛行のできる機器を備えているかということが問題となる。

たとえば、いま私たちの乗っているB747だと、いささか型が古い機種なので、霧のため空港の滑走路がほとんど見えない状況では、他の条件がぜんぶそろっていたとしても、自動着陸はできないことになっている。

もっと新しい機種なら、たいていそれができるようになっている。

新型の飛行機が開発された場合には、メーカーでは何度も試験飛行をして、たとえば百回着陸して九十回以上正確に着陸を成功させたとなって、やっと初めてお客さま方を乗せた飛行機で自動着陸をやっていいという資格が取得できる。

実際に航空会社で活躍を始めてからも、最初のうちは手動で着陸し、運航の実績を積み重ねるなかで、しだいに高度な自動着陸のできる資格を獲得していくのである。着陸の途中でオートパイロットの進入が不正確となったときは、着陸をやりなおしたりすることもあり、そういった飛行機の成績がすべて記録に残され、判定の材料とされるのである。

離着陸する空港も資格をもっていることが必要である。飛行機がオートパイロットで着陸してくる際は、いわゆるＩＬＳ(Instrument Landing System：計器着陸装置)アプローチという方法で、空港から出される電波をたぐるようにして降りてくる。それらの電波が精密にきちんと出されていなくてはならない。それに関連した電子機器なども完璧にそろっていなくてはならない。滑走路にもかなりの長さが要求される。

こういった条件がすべてそろい、自動着陸のできる空港は、実際問題として、そう多くはない。したがって、いくら技術が進歩したといっても、自動着陸の可能な路線というのは限られてくるわけだ。

楽なばかりではない自動着陸

パイロットにも、もちろん、資格が要求される。この資格には、いくつかの段階があり、難しい状況までオートパイロットでやるには、それだけ高度な資格が必要となる。

なんだか話が逆のような気がするかもしれない。

難しい操縦をオートパイロットがやってくれるんだったら、パイロットの仕事はそれだけ簡単になるのだから、高度な資格を必要としなくなるのではないか。

そう思う人がいるとしたら、それはオートパイロットというものが、スイッチをポーンと入れて、あとはまかせておけばよいというようなイメージをおもちだからだろう。

本当にそうであれば楽な話だが、それは大きな誤解である。

自動着陸の難しさを、着陸時における雲底高度や視界、すなわち最低気象条件（ウェザーミニマム）との関係から見てみることにしよう。

これから着陸する予定の空港の上空が雲でおおわれているとする。その雲の中を通って降りていくことは、先が目で見えなくても計器を使って支障なくできる。手動でもできるし、オートパイロットでもできる。しかし問題は、その雲の底が地上からどれくらいの高さにあるか、そして視界がどれほどの距離にあるかという点だ。言葉をかえれば、どの位置からなら滑走路が見えるかということである。

比較しやすいように、仮にパイロットの資格と気象条件以外は、自動着陸するための条件がすべて満たされていると仮定する。この場合、機長がCAT（CATegory）1という資格をもっていれば、雲底高度が二百フィート、視界六百メートル以上の気象条件なら空港への進入をおこない、ミニマムである二百フィートの高さで滑走路が見えたら手動でも自動でも着陸してもよいが、二百フィートより下まで雲がたれこめていたら、けっして着陸してはならない。

機長と他の乗員がもう一段上のCAT2の資格をもっていれば、雲底高度は問題なくなり、視界が四百メートル以上ならオートパイロットで進入を開始してよい。しかし、視界が四百メートルより悪かったら、進入ははじめられない。

そして、さらに一段上のCAT3という資格があり、これがあれば、場合によっては、雲と霧で地上までほとんど視界ゼロの状態でも自動で着陸することができる。

CAT1とCAT2をくらべれば、CAT2のほうがはるかに高い操縦技術を要求される。なぜか。最後までオートパイロットで着陸を完了できれば、いずれにせよ結果的にめでたしめでたしということになるわけだが、常にそういくとはかぎらない。

雲を通り抜けて降下してくる途中、なんらかの理由で異常が発生したとする。システムのランプが一つでもオレンジや赤に変わったら、「異常あり」である。あるいは、雲の下に抜け出てみたところ、前に見えるはずの滑走路が見えなかったら、どうするのか。理由を考えている暇はない。とにかく異常事態だから、ただちに機長はオートパイロットを解除し、そこから手動で操縦しなくてはならない。

といっても、滑走路はもうすぐそこである。とっさに手動で降りられるかどうかの判断を下し、だめだったら「ゴーアラウンド（着陸復行）！」と叫んで上昇に転じる。着陸できそうだったら、そのまま着陸態勢に入る。

これは、はじめからずっと自分で手動操縦でやってきたとき以上に、もっと難しいことである。なぜなら、オートパイロットで飛んできた飛行機の位置や姿勢をそのままひきつぎ、そこから操縦をはじめねばならないからだ。自動車で高速道路を走っている途中に、いきなりハンドルをわたされて運転をいれかわるようなものと考えれば、その難しさを察していただけるのではないだろうか。

そのときに、視界が六百メートルあるのと、四百メートルしかないのとでは、たいへんなちがいだ。視界が六百メートルあれば、まだしも余裕をもって対応できるが、四百メートルしかなければ、余裕はほとんどない。それだけ機長の判断力にも操縦技術にも、高度なものが要求されるわけだ。

以上の説明でおわかりいただけたことと思うが、自動操縦というのは、操縦をオートパイロットにまかせてパイロットはのんびり煙草を吸っていればよいというような安易なものではない。機長も副操縦士も、つねに監視の目を怠らず、なにかあれば即座にオートパイロットを解除して操縦をひきつげる態勢になくてはならない。最初からそのような事態になりうることを想定したうえで、あえてオートパイロットにやらせているといってもいいだろう。

霧に泣かされる冬のヨーロッパ

CAT3ともなれば、ますますもって難しいのはいうまでもない。

ちなみに私自身がもっている資格は、CAT2である。CAT3の自動着陸は、私にはできない。

いちおう弁解しておくと、これは、私の操縦技術が未熟だからというのではなく、いま私の乗っているB747という飛行機がCAT3の資格をもっておらず、どっちみちCAT3の自動着陸はできないからである。

それでは、どういう飛行機がCAT3の資格をもっているかというと、大型機であればもっと新しい二人乗りの、いわゆるハイテク機といわれているような機種である。

それから、ヨーロッパを飛んでいる小型のジェット機は、ほとんどがCAT3をもっているといってもいい。

実は、これにはヨーロッパ特有の事情がある。というのは、その昔「霧の都ロンドン」といった言葉があったように、北ヨーロッパの冬は霧がきわめて発生しやすい。それも、たいへん濃い霧で、いつまで待ってもなかなか晴れてくれない。

そういった気象条件があるため、ヨーロッパでは、悪い視界でも自動着陸のできるCAT3がどうしても必要になってくる。大型機ではCAT3は難しく、小型機のほうが資格をとりやすかったので、CAT3のできる小型の旅客機をどんどん飛ばしているというわけだ。そういう飛行機では、パイロットももちろんCAT3の資格をもっている。

その中に、日本から来た大型のジャンボがのそりのそりと入っていくことになる。私たちはCAT2までしかもっていないから、せっかく目的地の上空までたどりついたのに、下の空港が濃い霧につつまれていて、CAT3でしか着陸できないことがけっこうある。

ヨーロッパの航空会社の小型機は慣れたもので、どんどん霧の中をCAT3で着陸していくのに、私たちだけが空の上をぐるぐるまわって待たされることになる。お客さま方にしてみれば、さぞかしもどかしい思いをしていらっしゃることと察するものの、そんなわけで、なかなか降りさせてくれないのである。

しばらく待って、空港をつつんでいた霧が晴れてくると、ようやく管制から「降りられる条件がととのった」と連絡が入る。そこでやっとヨーロッパの小型機にまじって、着陸することとなるのである。

気難しいオートパイロット

先に、着陸の途中でちょっとでも異常があれば即座にオートパイロットを解除して、手動にきりかえねばならないことを述べた。読者のみなさんのなかには、もしかしたら、「そうはいっても、実際にそんな異常事態が起きることはめったにないのだろう」と思う方がいらっしゃるかもしれない。

それも大きな誤解である。

これは私自身が経験したことであるが、航行している最中に、計器の一つがいきなり変なところを指すようになる。いろいろと原因を探ろうとするのだが、なにも理由が見当たらない。

ここで機長の私が取り乱してはならない。あくまで冷静沈着に手動で操縦をつづけながら、副操縦士に機内の電話でキャビンと連絡をとらせる。スチュワーデスを呼び、「ちょっと、誰か携帯電話を使っている人がいないかどうか、すぐ調べてください」と頼む。しばらくして、「キャプテン、やっぱり使っていました」との答え。

そして副操縦士が「やめさせてください」と指示し、携帯電話が切られると、そのとたんに、計器がぴたりと正常に戻り、しかるべきデータを示してくれるようになる。

同様の事件が、私の飛行機ばかりでなく、わが社の他の飛行機でも、そして世界中の飛行機で起きたため、機内での携帯電話の使用は禁止されることとなり、それ以降、このような事態が携帯電話でひきおこされることはなくなった。

「たかが携帯電話くらいで」と思うかもしれないが、あなどってはいけない。飛行機の計器類や自動操縦システムは、ほとんど電波だけが頼りといっていいほど、電波に依存している。携帯電話とは、一種の電波発信機にほかならない。そこから出される電波は飛行機の受信する電波に影響することがあるのだ。

現代の飛行機はメカニズムの面で、昔のものとは比較にならないほどの進化をとげているわけであるが、その分だけ非常に感受性がするどくなっているともいえよう。とても気難しい。天才肌の芸術家みたいなところがあって、ちょっとでも気にいらないことがあると、すぐにへそを曲げてしまうのである。

オートパイロット君のご機嫌をそこなわないように、ぜひ乗客のみなさま方にも、うるさがらずに機内アナウンスの指示を守ってくださるよう、くれぐれもお願いしたい。

電波を攪乱《かくらん》するもの

電波を攪乱《かくらん》する要因は、携帯電話のほかにもいろいろある。

着陸の際には、いわゆるＩＬＳという方式で、滑走路から発信される電波によって誘導されながら降りていく。主要な電波は二種類あり、一つは、ローカライザーとよばれ、滑走路の中心線を示す。もう一つはグライドスロープとよばれ、滑走路に降りていく約三度の進入角を示す。いうまでもなく、これらの二つの電波が精密に発信され、なおかつ飛行機がそれを正しく受信してはじめてオートパイロットによる自動進入が可能になる。

ところが、これらの電波が、思いのほかあっけなく、些細なことが原因で攪乱されてしまう場合がある。

一例をあげよう。空港でこれから離陸する予定の飛行機が、降りてくる飛行機が通りすぎるのを、滑走路の手前で待っている。この離陸を待っている飛行機がグライドスロープ電波の発信機のそばを動いていると、飛行機の金属機体の影響で、ＩＬＳの電波を乱してしまうことがある。

進入経路は、ローカライザーの電波とグライドスロープの電波が表す二種の平面の交線として示されるが、そのうちの一つが不規則に動いてしまう状態となるのだ。降りてくる飛行機の立場から見ると、オートパイロットで安定して進入経路に乗ってきていたのが、ゆらゆらと揺れ動いて、あまり気持ちよくない恰好になる。

そこで、こういう場合には、操縦しているパイロットは、すぐさまオートパイロットを解除して、手動にきりかえ、グライドスロープの動きにまどわされず安定した飛行に戻す努力をする。オートパイロットで進入を続行するとしても、グライドスロープの電波の乱れが大きくなるのを感知したら瞬時にオートパイロットを解除するつもりで心の用意をしておかねばならない。

気象条件が悪くなればなるほど、それにつれて飛行機も計器飛行で低くまで降りてくるので、影響を受けること大である。実際、天候や視界がたいへん悪いような状況のときは、着陸機が安定して進入できるよう、管制が離陸機に待機場所を指示する事態となる。

とくに前述したようなヨーロッパの空港では、霧で視界ゼロの中を飛行機が降りてくるわけなので、そんなときには、着陸機のオートパイロットに支障をきたさないために、滑走路のはるか手前で待つよう厳重な配慮がされている。

しかし、そういう空港でも、逆に天気がスカッと晴れて視界良好のときは、逆の発想で運航する。離陸機を滑走路のすぐそばまでいって待たせ、つぎつぎと出発させていったほうが効率的だからだ。

それが着陸機に支障をおよぼすことは、事実上ない。なぜなら、どの飛行機も遠くから滑走路を見つけているので、少々の計器の乱れなどは気にせずに、悠々と進入できるからである。

オートパイロットに頼らねば着陸できないような操縦士では、自動着陸の資格をとることはできないのである。

ハイテクの威力と落とし穴

さまざまな科学分野の進歩により、航空技術も飛躍的に発達した。最新のジェット機は、さながら現代のハイテク技術の固まりともいえよう。その性能の向上ははかりしれない。

その代表的な例の一つが位置の測定である。

何の位置かというと、自分の飛行機の位置だ。いま私たちの乗っている飛行機がどこを飛んでいるのか、その位置を測定することである。

昔はこれが大仕事だった。

私が副操縦士になったばかりの頃は、いまの機長、副操縦士、航空機関士に加え、もう一人、ナヴィゲーターとよばれる職種の人が乗っていた。航空士である。この航空士の役割はもっぱら、この自分の位置を測定し、進路を決めることであった。

ロランとよばれる長波による航法援助装置を活用してデータを集め、ときにはコックピットの天井の上にあるマンホールの蓋のような扉を開け、小さな穴から天体観測で星を測定し、デスクの上に航法図を広げ、定規で線を引いたり、いろいろと複雑な計算をやって、「いま俺たちがいるのはここだ！」と、割り出すのである。

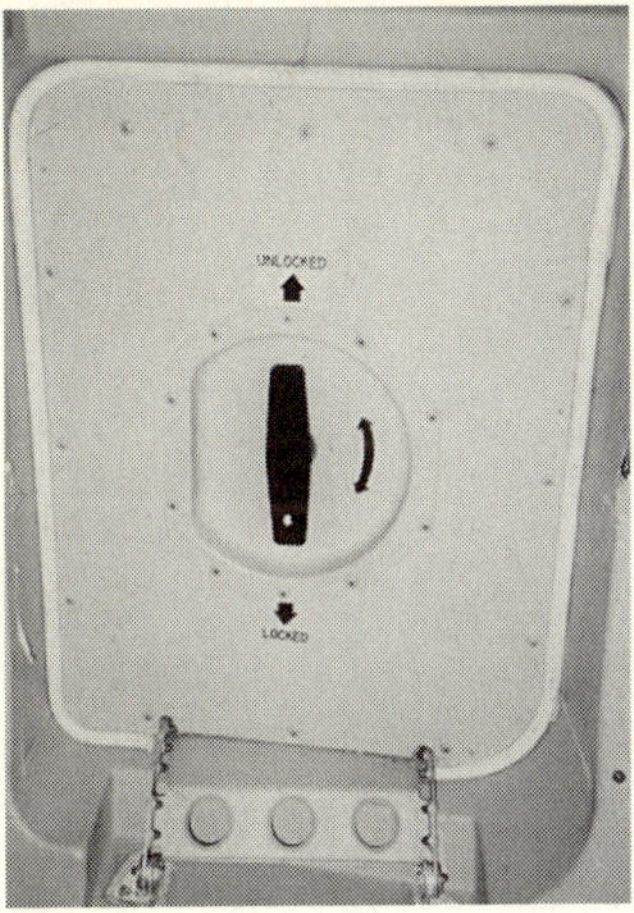

B 747の天井の穴

いまから考えるとずいぶんと古めかしい方法だが、ともあれ航空士という専門家を必要とするほど、空の航法援助システムは未熟な時代であった。いまでもDC－8には天井に小さな穴がついているが、これはその時代の名残である。

なお、前ページの写真はB747の天井にある穴だが、これは乗員の緊急脱出用とVIPフライトの旗出し用に使われている。

その後、ドップラーレーダーという機械が開発された。このドップラーレーダーとは、パルス電波を利用して、地面に対して飛行機の移動する速度である対地速度、そして風の影響によるコースからのずれの度合いである偏流角を知らせてくれるものである。それによって、外部の航法援助施設を利用する必要性が低くなったため、航空士という職種がなくなって、その仕事は操縦士がひきつぐこととなった。

大海原を飛び越えていく太平洋線の副操縦士は主に航法を担当するので、責任重大である。ドップラーレーダー上の対地速度と偏流角の値を使って、小型航法図上で現在位置を求めるのだが、とくに海面が静穏な日はパルスの反射が弱く、ドップラーレーダーが作動しなくなってしまうことが多く、そうなった日にはもうたいへん。

受信機でロラン局から出ている電波をつかまえ、「あっちの局の数字はこれこれ、こっちの局の数字はこれこれ」というぐあいに、航法図の上に定規で数本の線を引き、飛行機の位置を割り出す。

この仕事が、私が太平洋線で副操縦士をしていたころの難しくも楽しい仕事の一つであった。引いた線がきれいに一つの点で交わってくれれば、「ここだ！」と確信をもっていえるのだが、ずれてしまったりすると、「このへんかな。それとも、このへんか？」と、だんだん自信がなくなり、もう一度測定しなおすはめとなる。

夜中に羽田を飛びたったDC‐8は、そんな苦労など知らぬ顔で、悠然とアメリカ西海岸の朝雲めざして太平洋を越えていく。今から思えば、まだまだのんびりした時代だったのかもしれない。

そして次には、飛行機自身が自分の動きを計算していくINSが現れて、ぴったりと正確に自分の位置を刻々と緯度経度で表示する大革命がおとずれた。パイロットはそれらの緯度経度の数値で、自分が航路図上のどこにいるのかを知ることができる。だが、機械は数値までは示してくれるが、航路図そのものを描いて見せてくれるわけではなかった。これが私たちのB747の限界である。

そしてさらに、最新世代のハイテク機ともなると、航路図をパイロットの目の前に描いて見せてくれる。操縦席の眼前にテレビのような画面があり、航路図に加えて、ウェザーレーダーでとらえた雲の映像まで同じ画面上に表示するのだ。

私たちのように副操縦士時代より航法の変遷をながめてきた者から見れば、胸に秘めたかなわぬ夢がついに実現したようなものである。

情報というものは、言葉や数字で与えられるのと、映像で与えられるのとでは、大きな開きがある。野球や相撲をラジオで聞くのと、テレビで見るのとでは、受ける印象の強さがぜんぜんちがう。コックピットの中で計器を眺めながら、地図をイメージし、自分の位置をイメージしてきた私たちは、さしずめラジオを聞きながら、勝負の様子を想像していたようなものであろう。それが自分の目の前に映像として出てくる。その衝撃は強烈である。

しかし、そのかげには、思わぬ落とし穴もひそんでいる。

その一つの例として、航空関係者のあいだで指摘されているのが、「マップシフト」とよばれる現象である。

マップ、すなわち画面上に描かれた航路図が、いきなりその位置を変えてしまう。その原因は、まだはっきり解明されていないようだが、要はコンピュータの誤作動であろう。

いま私の乗っている飛行機にはこの装置がついていないのでそういう心配はないし、私の周囲のパイロット仲間のあいだでも、そのような現象を体験したという話は聞いていな

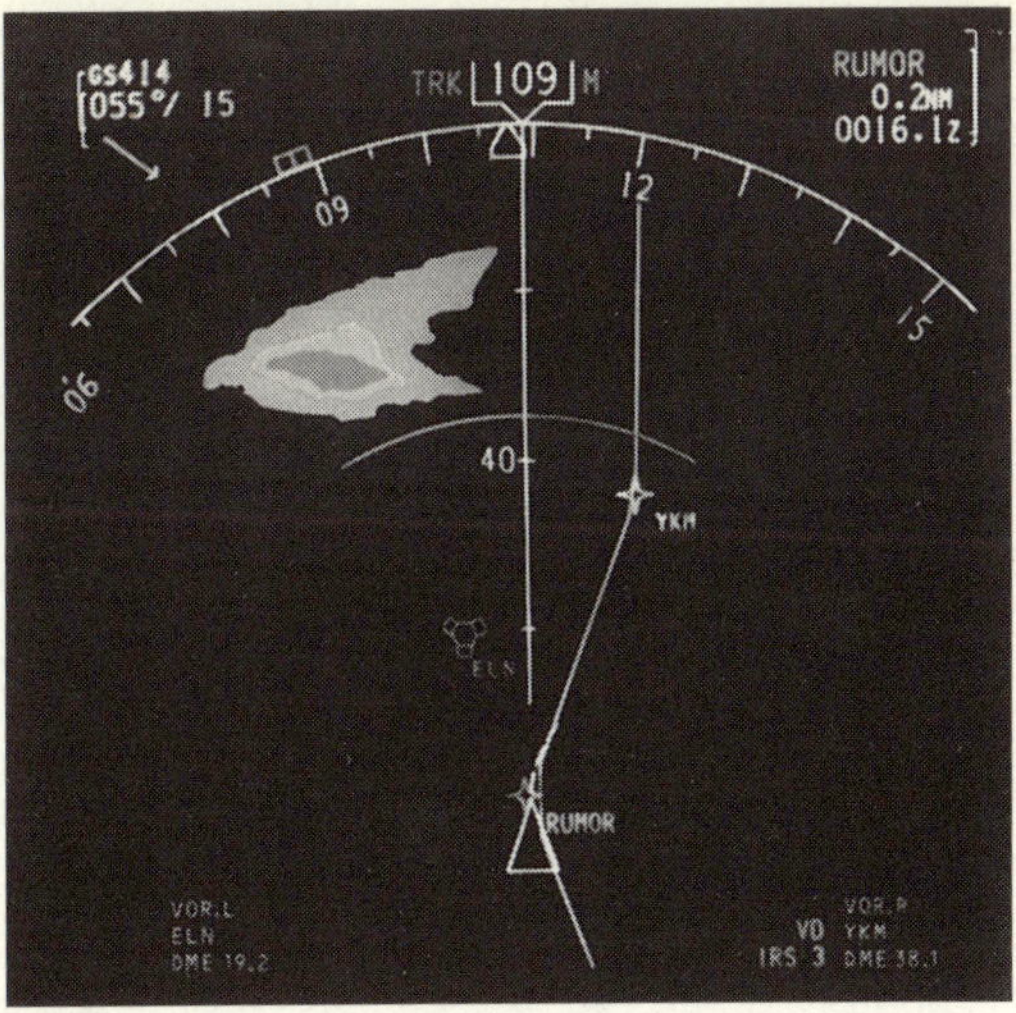

マップ

いが、ごく稀《まれ》に起こるのだそうだ。もしそれが事実だとすれば、いささか恐い話である。

もちろん、仮にマップシフトが起きたとしても、ふつうであれば、パイロットが冷静に処理するので、事故になる危険はほとんどないだろう。他の計器や自分の目に入ってくる景色などをもとに、自分の頭の中でもおおよその自分の位置を常に認識しておきさえすれば、マップのほうがまちがっているのだということに気づき、すみやかに適切な対策をとることができるからだ。

あわてさえしなければ、何が起きて

も、なんとか対処できる。どのパイロットも、それだけの訓練を受け、能力をもっているはずだ。たいへんな状況になるということが予想されれば、なおのことパイロットは気をひきしめ慎重になるから、かえって事故になるようなことはないものである。

しかし、マップ・システムを信じて安心しているときに、突然それが起こったとしたら、それでもパイロットはあわてることなく、平静に、余裕をもって対応できるだろうか。このあたりが難しいところである。

いざというときに適切に対処するためには、ハイテク技術というものを過信してしまわないことが大事であろう。

いくら科学が進歩し、技術が発達し、飛行機が進化したといっても、それを操るのは人間である。どんなに機械の性能が優秀であっても、最後の決断は機械ではなく、人間がせねばならない。そう自分に言い聞かせ、マップ・システムはあっても、それに頼りきるのではなく、つねに自分の位置を自分の頭の中にいれ、周囲の状況を把握しておく必要があるのではないだろうか。

人か機械か

先にも述べたように、たとえば冬のヨーロッパでは、霧で視界ゼロの中をCAT3の資格をもった飛行機が、どんどんオートパイロットで着陸していく。

そんな場合、もしも途中でオートパイロットに支障をきたすような異常があったら、まったくなにも見えない状況の中で、最悪の場合は、着陸直前の低空でパイロットが操縦をひきついで着陸復行せねばならないこともある。

だが一方では、ある高さ以下までできた場合には、CAT3の運航をおこなう飛行機は、自動着陸装置の一つが故障しても、残りの装置が作動して安全に着陸できる多重着陸装置を備えているので、そのまま自動着陸してしまう場合もある。

しかし、そうなると、状況しだいによっては、人間が機械にしたがわねばならないことになる。ならば、どこまでを機械が優先し、どこまでを人間が優先するのか。その線引きを誰がするのか。境界線があいまいだと、人間のパイロットとオートパイロットが主導権をめぐって対立するといった状況になりかねないのではないか。

その危惧が現実となってしまったのが、一九九四年に名古屋で起きた中華航空機の墜落事故である。

調査結果の最終報告についての報道によると、自動操縦装置が入っているにもかかわらず、パイロットは手動で飛行機の動きを修正しようとし、自動操縦装置の意図とパイロットの意図が対立したのが、この事故の重要なポイントであったらしい。まさしく、人間と機械が空中で争ってしまったわけだ。

当然のことながら、一つの飛行機を同時に二人の操縦士がそれぞれ勝手に動かすわけにはいかない。同様のことは、操縦士とオートパイロットの関係についてもいえる。操縦者は人か機械のどちらか一方であるべきだ。

自動操縦装置の性能が上がり、多くの機能をもつようになると、それをあつかう操縦士は、そのはたらきを十分に理解しなくては有効に利用できないし、はなはだしい場合には安全に影響するようにもなるだろう。

痛ましいことに、これらが現実のものとなってしまったのが、名古屋での事故であると思われる。人と機械のかかわりあいの中での多くの問題点が浮き彫りになったのだ。

この最終報告を受けて、新聞紙上などで多くの識者が「人と機械の調和」の重要性を指摘していたが、まさにそのとおりであると思う。

あまりにも急激に発達をとげてしまった科学技術。それがもたらしてくれた果実は確かに大きい。しかし、その進歩の速度に人間がついていけないというのでは困る。なにもかも機械にまかせておけば、人間はそれだけ手間がかからず楽にはちがいないが、その安易さに溺れてばかりいると、人間の感覚や能力は退化していくだろうし、いざというときに対応できなくなってしまう危険性がある。

そうならないように、私たちパイロットは、機械がやっている以上に、先のことを考え、常日頃から操縦技術や危険を察知する能力を磨き、どんなことが起きても動揺せずにうまく対応するにはどうすべきかと、いつも自分に言い聞かせておくべきではないだろうか。

第三章

ジェット機の速さと入道雲の恐さ

コンコルド（イメージ写真）

空の立ち入り禁止区域

熱帯の雨はすさまじい。地面に孔《あな》を穿《うが》つほどの激しさで降り、その叩きつける雨音があたり一面にこだまして恐いほどだ。加えて、稲光が中空を縦横に走り、雷鳴がひっきりなしに轟《とどろ》く。だから、一陣の冷たい風が木々を揺らせて吹き、雨を降らす積乱雲の到来を告げると、通りを歩いている人の姿はあっというまに失せてしまう。人々は完全に降参して、この乱暴な雲がどこかよそへ行ってしまうのを待つのである。近づいてくる積乱雲を眺めると、その下に降る雨が、黒雲と地上を結ぶ無数の白線のように見える。

積乱雲、すなわち入道雲は、遠くから見れば美しく、それなりに愛嬌があるといえなくもないが、私たちパイロットは、けっしてそのそばには近寄らない。うっかり中に飛び込んだりしようものなら、強烈な上昇気流と下降気流にもみくちゃにされたうえ、雷にうたれて二度と出てこれなくなってしまうかもしれないのだ。もちろん自分で中に入って見てきたわけではない。「危ないから絶対に近寄るな」と教官や先輩たちから何度もしつこく言われ、頭の中にたたき込まれているから、用心しているのである。

私は一度、積乱雲の中に入って生還した先輩から、話を聞いたことがある。第二次世界大戦中でのことだ。海軍の戦闘機搭乗員として出撃し、アメリカ軍の戦闘機に追いかけられ、撃ち落とされそうになって、必死で積乱雲の中に飛び込んだのだそうだ。

「いやあ、おまえ、中はめちゃくちゃだぞ」

「よく助かりましたね」

「俺も、本当に、いまでも不思議に思ってんだ」

どういうはずみか、雲の中からポーンと外にはじき飛ばされたらしい。やっとのことで墜落だけはまぬがれて帰ってこれたが、機体はゆがみ、翼はベコベコで、われながらよく飛んでこれたものだと感心するほどひどい状態になっていたそうだ。運良く積乱雲が外にはじき飛ばしてくれたおかげで助かったが、そうでなければ、まちがいなく中で機体は空中分解してばらばらになり、墜落してあの世に行っていただろうとのことだった。

おそらく昔のパイロットの中には、知らず知らずに積乱雲に入ってしまい、そのまま行方不明になってしまった人がけっこういたことだろう。航空時代の幕開けとなるライト兄弟の時代から数えれば、かなりの人数にのぼるのかもしれない。私たちは諸先輩たちから語り伝えられた教訓のおかげで、飛行機乗りを待ちかまえている幾多の危険から遠ざかり、生き長らえていられるともいえるだろう。

私たちにとって積乱雲とは、外から雄大なその姿を眺めるだけで絶対に入ってはいけない、空の立ち入り禁止区域なのである。

ある年の夏、私はシンガポールからジャカルタに飛んだ。機種は頑丈なつくりと安定性に定評のあるDC-8。スタイルも優美で、男女をとわずけっこうたくさんのファンがいた飛行機である。

そのとき私は、身分は機長だが、査察操縦士として業務についていたので右側の副操縦士席にすわり、左側の席には査察を受けるH機長がすわっていた。

夕方、H機長の操縦でシンガポールを発った。

熱帯の青く輝く空の下では、まるで大きなドラム缶みたいに丸くずん胴でユーモラスな姿をした積乱雲が、あちこちに夕陽に赤く染まって浮かんでいる。それを右に左に避けつつ無事に航行を終え、ジャカルタのハリム空港に着いた。ジャカルタには空港が二ヵ所あり、そのうちの新しいほうがハリム空港であった。

トンと軽やかに機体が接地。H機長はナイス・ランディングで往路のフライトをしめくくってくれた。

DC-8

片道分の仕事を終わって少しほっとしながら、掃除の終わったばかりの客席にすわり、乗員の夕食用に出されるミ・ゴレン、すなわちインドネシア風中華焼きそばを食べる。これがなかなか美味しく、私たち乗員たちのあいだではとても人気があるものであった。

わずかの時間ではあったが、リラックスして味を楽しむ。そのあいだにも、機の内外では、復路のシンガポール行きの準備がどんどん進んでいく。

そうこうするうちに、だんだんと出発の時間が近づいてきた。H機長にコックピットの出発準備はまかせることにし、私はいまのうちに機体の外部点検と空模様眺めをしておこうと、座席から立ち上がった。

幸い雨も降ってはいない。すでに宵闇《よいやみ》がだいぶ濃くなってきていたので、フラッシュライトを片手に持ちながら、機内の通路を歩いて行った。

私は機長になって以来、いつでもコックピットに入る前に外をひとまわりし、機体を外から眺めて点検するとともに、これから飛んでいくことになる空の方角を眺め、天候の様子も見ておくことにしている。ついでに風の吹きぐあいや路面の濡れぐあい、滑りそうかどうかも、自分の体に感じて、運航データとする。

そのついでに翼に並んだエンジンを順ぐりに点検して、「頑張ってくれよ」の意をこめて、エンジンの前の部分をひとなでする。私は査察操縦士で、あくまでも操縦の主役はH機長だったが、私にとっては一種の儀式みたいなもので、それをやっておかないと、なんとなく気分が落ちつかないのであった。

査察操縦士

査察操縦士とは、機長や副操縦士の操縦の実技を審査する試験官役のパイロットのことで、これを私たちは「チェッカー」とよんでいる。

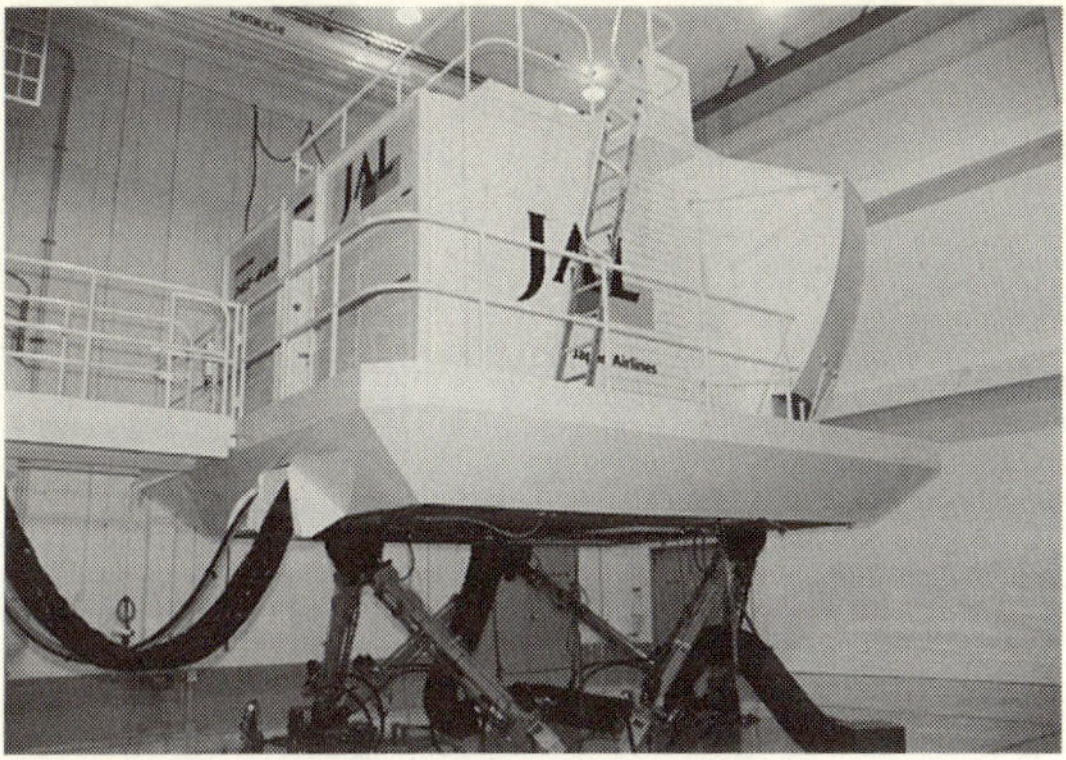

フライト・シミュレーターの外観

パイロットの世界は、受験生も驚くほど、試験、試験の連続である。もちろん最大の難関は、パイロットになるときの試験、そして機長になるときの試験であるが、それ以外にもたくさんある。

操縦士は、乗る機種が変われば、前に少しふれたと思うが、その機種のシステムの勉強や飛行訓練をそのつど最初からやりなおし、試験を受けて、機種資格をとらねばならない。機種資格をとってからも、毎年、定期技能審査がある。

これは地上にあるフライト・シミュレーター(模擬飛行装置)でおこなわれる。

実際の飛行機のコックピットだけを地上に再現したもので、コックピット部分とそれを動かす装置から構成されていて、コンピュータ制御で、窓から見える景色はもちろんのこと、機体の動きから、振動や揺れ、エンジン音にいたるまで、本当の飛行状態と同じものをつくりだす。

その中で、乱気流に巻き込まれたり、失速しかけたり、エンジンが故障したり、脚が離陸後に上がらなくなったり、着陸時に下りなくなったり、油圧が抜けたりと、さまざまな状態が人工的につくりだされ、パイロットは汗をかきながら格闘するのである。

もう一つ仕事をするうえで欠かせないのが、機長の路線資格だ。これも、新しい路線を飛ぶためには、路線ごとに気象条件もちがえば目的地の空港の設備や離着陸の方式もちがうから、そういったことを勉強し、試験を受けるのだ。

すでにその路線を飛んでいるパイロットから講義を受け、一度は実際にその路線を副操縦士として飛んでみる。そのうえで、筆記または口述試験を受け、その路線を飛んで審査をパスし、やっと路線資格をとることができる。

これも、いったん資格を取得してからも、一年ごとに定期路線審査がある。実際にその路線を飛んでいるところを、試験官が同乗して、腕や知識がきちんと保たれているかどうかを審査するのだ。

その試験官が、査察操縦士というわけである。

査察操縦士は、パイロットの腕を見るだけでなく、そのあいだパイロットにいろいろな質問をする。「いまは順調に飛んでいるが、ここでエンジンが一つ故障したら、どういう操作をするのか」とか「この空港で着陸復行した場合の手順はどうなっているのか」というぐあいだ。つまり口述試験もかねているわけだ。

パイロットとしては日頃から飛んでいる路線なわけだから、慣れてはいるものの、油断はできない。ここ一年のあいだに空港のシステムが一部変更になっていたりすることもある。うっかりしていて質問にきちんと答えられなかったり、操縦が不手際だったりして、不幸にして不合格ということになると、もう一度勉強や訓練をして試験を受けなおさねばならない。それればかりか、試験に落ちたとあっては、本人の名誉もがた落ちだ。だからどのパイロットも審査の前にはその路線についての知識を復習し、体調をととのえ、気合を入れてコックピットに乗り込んでくる。

さらには、こうした試験のほかに、半年ごとに身体検査もある。身長、体重、血圧、血液検査など、ありとあらゆる項目が検査される。視力だけでも、裸眼視力、眼鏡をかけたときの視力、夜間視力、深度、視野と、いろいろな検査がある。そのすべてが基準値の範囲内におさまっている必要がある。一つでもはみ出してはならない。

だから、たとえば肝機能を示すGPTにちょっと不安があるような人は、身体検査の一ヵ月前から好物のビールや酒もひかえ、仕事以外はただひたすら養生にはげんで、身体検査にのぞむ。肥満の傾向のある人は、プロボクサーなみに汗を流し、食事をひかえて減量につとめる。

万が一、基準値をオーバーしてしまった場合は、フライト停止である。基準値に戻るまで飛行機に乗せてはもらえない。地上の仕事をしながら、復活の日を指おり数えて、飛びたい飛びたいと、子供のように過ごすこととなる。

私たちパイロットにしてみれば、本当に次々とめぐってくる試験や身体検査は、「え、もう期限がきたの。早いねー」といったところだが、こうした厳しい試験や身体検査があればこそ、パイロットは知識や技能を維持し、万全な体調でフライトにのぞむことができるわけだ。お客さま方の安全を第一に考えるならば、当然のことといえよう。

離陸一分前

復路も審査を受けるH機長が機体の外部点検を終えて機内に入ってきたので、その日もいつものように点検と空模様眺めに行こうと客室の通路を歩いて行ったのだが、たまたま出入口のところではじまったディスパッチャー（航務係）との立ち話が思わず長びいて、いつのまにか搭乗時刻が来てしまった。そこで外に出るのはあきらめ、なにか引っかかるような気分を感じながら、そのままコックピットに入り、右席にすわり込んだ。

横を見ると、左席のH機長は、再びやや緊張した面持ちで、すでに十分気合が入っている。

エンジン始動前のチェックリストの確認が完了。H機長はコックピット内の照明をしぼって外の景色や計器類が見やすいように調節し、座席の高さや位置を微調整しなおしている。緊張を和らげようとつとめているのが感じられる。

私も深呼吸をして、窓を通して暗い空を見上げる。いくつかの雲が頭上にまで来ているが、まだ雨は降っていない。雨が降りはじめる前に離陸できればいいのだが、と考える。おそらくH機長も同じことを考えているのだろうと思った。

まもなくお客さまの搭乗も終わり、ドアが閉じられた。

管制から通信を介して、シンガポールまでの航行の許可を与えるクリアランスが伝えられ、エンジンを始動する。後ろの席のベテラン航空機関士が、身を乗り出し、窓をすかして、これから地上滑走していくタクシーウェイをうかがう。

地上に立っている整備員が右手にもった、「地上滑走異常なし」を告げる赤色の棒ライトを高く掲げる。私たちもフラッシュ・ライトを振り、「ご苦労さま。行きます」と合図を返して、タクシー・ライトを点灯すると同時に動き出す。タクシーウェイの両端に並ぶランプが、だんだん速度を増して左右の後方に流れていく。

天候がしだいに悪化してきている模様だ。さかんに雷鳴が轟いている。天の一角が一瞬、激しく白く光る。

機体がタクシーウェイを進んでいくなかで、離陸前のチェックリストだけが淡々と進められる。それ以外は、三人ともなにもしゃべらない。

やがて管制塔からの通信が離陸の許可を伝えると、いよいよ滑走路に入り、その中心線を正面に見据えていったん静止する。すべての離着陸ライトをH機長が点灯し、数十メートルの滑走路が照らし出される。その向こうには、滑走路の両端のランプが、ずっと遠くまでつづいているだけで、それ以外は黒一色。星も見えない漆黒の闇だ。

キャビンのほうも、照明は薄暗く落とされているはずだ。この外の闇では、キャビンの乗員やお客さま方もさぞかし不安なことだろうと、ちらりと頭をかすめる。

いま一度すわりなおして、姿勢を正し、深呼吸とともに周囲にびっしり並んだ計器盤を見渡し、やり残しのないことを確認する。

H機長が、「テイクオフ（離陸）」と、短く鋭い意思表示をして、四本のパワーレバーを右手でじわじわと押していく。脚のタイヤが滑走路面を転がるのがゴトゴトと軽く体に伝わってくる。エンジン音が急激に高まる中で、航空機関士が正確に離陸出力をセットしおわる頃には、もう滑走の速度は八十ノットに近い。

滑走路面からの振動が激しさを増し、頼もしい加速がつづく。

そして、速度メーターの示す数値がV1、すなわち離陸決心速度に達した。

離陸決心速度は何キロか？

離陸決心速度（V1）はそれぞれの機種の機体の重さによって変わってくるものだが、ジャンボの場合だと、ふつう国際線を飛ぶ際の重量であれば、約百四十〜百七十ノットである。この速度近辺から上の速度に達したら、もう離陸中止はしない。行くだけだ。エンジンが火を吹いても、ドアが開いてしまっても、忘れ物があっても、機体を減速させることはない。飛び上がるだけだ。

なぜかというと、減速して止まろうにも、止まれない場合があるからである。道路とちがって、滑走路の長さには限界がある。超重量かつ高速で突っ走っている状態からでは、にわかにブレーキをかけたり逆噴射したりして止まろうとしても、残されている滑走路の中で止まることは難しく、滑走路端から飛びだしてしまうおそれもある。

だから、V1を超えたら、仮になんらかの故障が生じたとしても、いったん故障したまま離陸、上昇する。そして、上空で冷静に判断して、大丈夫そうならそのまま飛んで行くし、必要ならば同じ空港に戻ってきて、故障を修理して再度離陸することもある。

これが離陸時のルールであり、すべてのパイロットの常識として、V1を超えたら止まってはいけないことになっている。

新聞報道によれば、それをやってしまったのが、一九九六年に福岡空港で起きたガルーダインドネシア航空機の離陸失敗炎上事故である。V1を超えていたのに、エンジンが故障したため、離陸を中止。いったん浮上したにもかかわらず、再接地し、そのまま走りつづけて滑走路を飛び出し、いわゆるオーバーランを起こしてしまったとのことだ。

この場合、エンジンが故障しても、常識どおりに離陸してしまっていれば、あのような大事故にはならずにすんだだろう。そのようなことはパイロットも知識としては十分に知っていたはずだが、やはりいざというときになって冷静な判断ができない状態に追い込まれてしまったのだろうか。

通常なら、行くべきかやめるべきか迷うとしたら、V1以前である。なにか異常事態が起これば、場合によっては離陸をあきらめて止まることも考えねばならない。なにかあったら、行くかやめるかを瞬時に判断し、実行せねばならない。ぼやぼやしていたら、すぐにV1を突破してしまう。

だから、その段階で、つねに機長は二つの可能性を心の中で想定し、発生したトラブルを抱えたまま舞い上がる場合の操作と、なにかが起きて止まる場合の操作の両方を用意しておく必要があるわけだ。

V1を超えたら、二つの可能性のうちの一つが消える。行くしかない。迷う余地が減って、その分だけ心が少し軽くなる面もある。

非常事態発生！

速度はさらに増し、機首引き起こし速度（VR）になった。私が速度メーターを見て、「ローテーション」と声をかけると、H機長の操作で機首が黒い空中に向かってぐっと上がっていく。脚が滑走路を離れるとともに、機体を揺すっていた振動が消える。まもなく今度は、つぎの安全上昇速度（V2）に達し、「V2」と声をかける。

H機長からは、「ギアアップ（脚を上げる）」「レーダーオン（レーダーをつける）」「ノンスモーキングサインオフ（禁煙サインを消す）」と、矢継ぎ早のオーダーが来る。私も慣れた動作で、ギアレバーを引き上げ、その手でレーダーのスイッチをひねる。灯されたレーダーの画面をちらりと見ると、白く輝く走査線が左から右へ走っては消えていく。脚が引き込まれたのを、作動ランプで確認。キャビンの禁煙サインを消し、これも作動ランプで確認する。

離陸時に揚力を増すため主翼の後ろに突き出していたフラップは引き込みが完了し、計器を見ると、上昇速力の加速も順調である。エンジン音も快調だ。

それまでH機長と私のあいだに後ろから身を乗り出していた航空機関士も、通常の位置まで機関士席を戻して、右側の壁を埋めた操作パネルを点検している。離陸の緊張がだんだん和らいでくる一方で、もう一人の自分が、「まだまだ油断はできない」と警告している。

H機長と私が同時にレーダーの画面に目を向けた。そのときであった。画面の右半分がどんどん白くなっていく。おや、まずい、レーダーの故障かな、と思い、手を出そうとした瞬間である。座席から放り出されるような衝撃があり、激しい勢いで機体が揺れだした。計器の針がぶるぶる震えて、どこを指しているのだか、正確に読み取ることができない。体の揺れで目の焦点を計器に合わせることすらできないほどだ。

そんななかで、左のH機長は懸命に速度を保とうとしている。スピードの出しすぎも恐いし、失速はもっと恐い。後ろの航空機関士も、前につんのめるような恰好で、左手で機長席の背もたれをつかみながら、右手でパワーレバーを握り、上昇出力を保とうとしている。

私は足を床に踏んばり、手で肘掛けをつかんで、ぐらぐら揺れる体を支えながら、頭と目玉を全速力で回転させ、いったい何事だろう、原因は何なのだろうと考えていた。

機体に打ちつける雨の音がすさまじい。エンジンよ止まるな、機体よ壊れるなと心の中で祈る。

ピカッと青白い稲妻が走って、一瞬あたりが明るくなり、その光景を照らし出した。なんと私たちは、垂直に切り立った巨大な積乱雲に右翼を突っ込んでいたのだった。すぐ暗闇に戻る。背筋がすーっと冷たくなる。

とにかく雲から離れなくてはいけない。しゃべろうとすると舌を噛みそうなので、左手を左に振ってH機長に合図する。だが、それより先にH機長も事態を察知していたようだ。操縦ホイールを左にきる。速度を落とさないように、機首を下げた。機体は依然として激しく揺れている。ぎしぎしという悲鳴がそこかしこから聞こえてくる。

機首がなかなか左にまわっていかない。それが私たち三人にはまだるっこしく感じられる。だが、ここであわててはならない。H機長は、機体の姿勢を保つべく、操縦ホイールを懸命に操作しているのである。急に旋回しようとすると、機体にかかる力が大きくなってしまい、かえって危険なのだ。このあたりにパイロットそれぞれがもつ日頃の実力と生来のセンスが出てくるものである。

短いがとても長く感じられる時間が過ぎていく。と、突然あたりがぱたっと静かになって、エンジン音が急にはっきりと聞こえてきた。そして、機体の姿勢もぴたりとすわったように安定した。

思わず顔を見合わせるコックピットの三人。目だけは安堵《あんど》の色を見せている。笑顔をつくろうとしたが、頬はこわばり、口の中は乾燥して、とても無理だった。

右の窓から外をうかがうと、右翼の端すれすれに去りつつある積乱雲の内部から、原子爆発かと思うばかりの閃光がきらめいては消えていく。

しだいに遠ざかってくると、恐ろしい敵の正体が姿を見せてきた。白く輝く雲の塔が、上は何万フィートとも知れず、下はおそらく地面まで、垂直に切り立っていたのだ。実に美しい姿であった。そして、その美しさがあらためて私たちをぞっとさせた。

悠々と飛んでいるDC-8の頑丈な機体に無言で感謝したけれど、胃も少々痛んだ。

やがて通常どおりの上昇飛行にもどり、自動操縦にきりかわったが、それでもなおH機長の左手は操縦ホイールを強く握りしめ、その手首には筋が浮いて見えるほどだった。

やっとベルト着用のサインが消されると、キャビンの乗員たちもほっとしたのだろう、すぐにスチュワーデスの一人がコックピットに入ってきて、言った。「すごかったですね、あの揺れ」。

私たちが予期していたとおりの台詞である。三人のコックピットの仲間にも、ようやく笑い声が出た。「ごめん、ごめん。でも、もう大丈夫」と、今までよりももっと遠まわりをして積乱雲を避けて飛び、なにごともなかったかのようにシンガポールに着陸した。

私たちは過ぎ去ったことにはあまりいつまでもふれない性分だ。キャビンの乗員たちも私たちに気をつかってくれ、空港からホテルへのバスは、いつものように和やかで、静かなものだった。

あの非常事態のなかで沈着かつ冷静に判断し、安定した操縦を見せたH機長は、もちろん、審査に合格である。だが、つい長話をして空模様眺めをサボってしまい、機体と大勢の人々をたいへんな目にあわせてしまった私は、不合格。そう自分に言い聞かせながら、その夜は苦いビールを飲んだのだった。

ジェット機の速さ

いまさらいうまでもなく、ジェット機の飛ぶ速度はたいへん速い。巡航時で、時速九百キロ前後。高速道路を走る自動車と比べると十倍くらい、新幹線のひかりと比べると五倍くらいである。プロペラ機と比べても、二倍くらいの速さだ。

といっても、あまりぴんとこないかもしれない。巡航中に飛行機の窓から眺めても、目に入る物が近くになにもないから、スピード感はさほどないかもしれない。もっとも、旅客機は、ジェットコースターとはちがって、スピード感を売り物にしているわけではないので、速度メーターの示す数字を誇るつもりはない。

しかし、私たちパイロットにとっては、このスピードのもつ意味は大きい。

私自身は、パイロットになりたてのころが、ちょうど旅客機の主力がプロペラ機からジェット機に移行する時期にあたっていたため、その両方の操縦を経験することとなった。プロペラ機からジェット機になって、速度がいっきに二倍に増えたわけだが、このちがいは強烈であった。

私の先輩たちのなかには、戦時中からプロペラ機を操縦し、名人芸ともいえる飛行技術を身につけているような人もいたが、ジェット機になると、それがほとんど通用しなくなってしまった。プロペラ機では優秀な機長だったのに、この速さについていけず、ジェット機では副操縦士止まりとなってしまった人もいたほどだ。

それまでのプロペラ機は、いくら速いといっても、操縦技術の感覚の面では、ジェット機と比べれば、まだのんびりしたところがあったと思う。つまり、どこかで右に曲がるのであれば、その曲がる手前まで来て、それから「さあ曲がろうかな」というので、操縦ホイールをきればよかった。

ところが、ジェット機になって速度がいきなり二倍になると、プロペラ機で考えたり動作していたのと同じことを、半分の時間でこなさなくてはならなくなる。となると、あまりにその時間が短すぎて、手前まで来てから「さあ曲がろうかな」というのでは、間にあわない。「さあ曲がろうかな」と考えているあいだに、その曲がる地点を通り過ぎてしまうのだ。

なにごとも前もって考え、すべてを予測して、そのうえで早め早めに操作しなくてはならない。そうしないことには、飛行機を思いどおりには動かせない。

離陸してから上昇のことを考えていたのでは遅い。もう離陸の段階で、すでに着陸までの手順が考えられており、しかもその途中で何が起きたらどうする、というぐあいに、起こりうるすべての可能性に対して対策が用意されていなくてはならない。これがジェット機の操縦というものである。

同じ飛行機の一種とはいっても、操縦技術の点では、次元が異なるといってもいいほどの変化である。単に操縦するスピードが変わっただけでなく、操縦の概念までが変わってしまったのである。

ジェット機の操縦に必要とされる一つの要素は、「読み」である。将棋や囲碁の達人のように、常に先の先を考え、読んでおかねばならない。その読みの能力がパイロットの資質として、不可欠なものとなってきた。

もう一つの要素は、迅速な判断力である。いくら先の先まで読んであったとしても、その予想外のことは起こりうる。それが起きた場合には、ほんの短い瞬間に、ぱっと適切な判断を下さなくてはならない。もちろんこれはプロペラ機の操縦や自動車の運転でも必要なことだが、その必要とされる素早さは、比べ物にはならない。

とりわけ離陸時と着陸時には、その両者が最大限に要求されるのである。

ロータークラウドに突入！

離陸時には、入手しうるあらゆる情報をもとに、起こりうるすべての状態を想定し、コックピットのメンバーは、それに対処できるように態勢をととのえている。しかし、それでも、実際に空に何があるかは、飛び上がってみないとわからないことがあるものだ。

恐いのは積乱雲だけではない。もう一つ、私の体験した例をあげておこう。

私がDC-8で国内線を飛んでいたころのことだ。千歳《ちとせ》空港から飛び立ち、海の方角に向かって舞い上がって行った。千歳空港に定められている離陸方式にしたがい、急激な上昇角度をとって高く上がって行く。そして、かなり高くまできたので、そろそろ通常の上昇角度に戻そうと思い、機首を下げようとした、ちょうどそのときだった。

正面に奇妙な雲が見えた。まん丸いドーナツのような形をしているように見える。変な雲だなと思いはしたが、あまりにもジェット機のスピードは速く、避けようかどうしようかと思っているうちに、その真ん中にすぽんと入ってしまった。

そのとたんに、飛行機の機体が、ぐらぐらと大きく揺れた。といっても、上下や左右に激しく揺れたのではない。飛行機の機体がぐるっと回転するようなぐあいで、右に傾いては戻り、左に傾いては戻り、というように、何度か揺れた。そのときは、恐いともなんとも思わなかった。非常になめらかな動きで、操縦席にすわっている私には、ブランコに横向きにすわって左右にぶらぶら揺れているみたいで、むしろ心地よいくらいだった。

その状態はすぐに終わり、なにごともなく、通常どおりに航行をつづけていった。

そのあいだに、なるほどあれがロータークラウドだったのかと思い出した。

ロータークラウドというのは、読者の方にはあまりなじみがない言葉だろう。それもそのはずで、この雲の独特の形は、地上からでは見ることができない。空を飛んでいる途中に横から眺めると、先述のように丸いドーナツ形に見えることがある。実際にはコイルを巻いたような、螺旋形《らせんけい》をしているもののようだ。

航空大学校で勉強した航空気象のなかに珍しい雲の例として出ていたので、その名前だけは知っていた。これが出やすい名所とされているのが、富士山頂である。富士山頂に乱気流がぶつかって、風が螺旋状に渦巻いて吹き、そこに雲ができると、このようなロータークラウドができるそうだ。ただし、すぐに風で変形してしまうから、きちんと螺旋の形をとどめている時間はきわめてわずかである。おそらく、飛行機の離陸するタイミングがほんの数分でもずれていたら、あのような体験はできなかっただろう。

とにかく非常に珍しい雲であり、パイロットのあいだでも、実物を見たことがある人はあまりいないのではないだろうか。私も見たのはこのとき一度だけである。しかもまわりに富士山のような頂の尖《とが》った山があるわけでもない千歳で、なぜロータークラウドが突然出現したのかは、いまもって不明である。

さて、無事に羽田空港に着陸してからのことだ。地上の整備士から、「エンジンのパイロンの一つに亀裂がある」と連絡を受けてびっくりした。パイロンというのは、翼の下にエンジンがついているが、その翼とエンジンをつないでいる部分のことである。

最初は、知らないうちにどこかに機体をぶつけたのかと思った。しかし、なにもない空の上で、ぶつけるわけもない。首をひねりながら、お客さま方が降りるのを待ってから、あたふたと私も降りて行った。下から見上げると、たしかにパイロンの一つに、缶詰の蓋が刃物で切り裂かれたように、一メートル近くの長さの傷が入り、口を開けている。奇妙なことに、他にはどこにもなんの傷もなく、そこだけに亀裂が走っているのである。

整備士が不思議そうに、「どうしたんでしょうね。なにか心あたりがありますか」と聞く。

私が、「いや、別に心あたりはないですけどね。そういえば、千歳を出るときに、ロータークラウドがあって、その中に突っ込んで、ブランコみたいに揺られましたけどね。それくらいかな」と答えると、整備士は「それだ、それですよ」と言う。

そうかもしれない、と私も思った。飛行機というのは、つねに前に向かって進むものという前提のもとに設計されているから、横からの力には、案外もろいものなのである。その一つの例が、このパイロンといえるのかもしれない。

翼から下に突き出ており、どんな速度で飛んでもこわれないように前からの力に対しては強くできているが、飛行機があのような揺れかたをし、横からの力が強く入ったら、亀裂が入ることも十分に考えられるのではないか。

そう思ってあらためてパイロンに入った亀裂を見上げたとき、初めて私は背筋が冷たくなるような恐怖を覚えた。この程度ですんだからよかったが、下手をすればパイロン全体がぽきりと折れるようなはめになっていたかもしれない。

もちろん仮にパイロンが折れたとしても、使えなくなるのはエンジン一つだけで、残りの三つのエンジンがあるから、なんの問題もない。

だが、それにしても、自然というものの力は恐ろしいものだ。なんでもないようなロータークラウドに、これほどの力が秘められているとは、思いもよらないことであった。

その飛行機は、エンジンを一つとりかえねばならないのはもちろんだが、それだけではすまない。一ヵ所に亀裂が入ったということは、飛行機全体にも同じ力が加えられたわけだから、他にも異常をきたしている箇所があるかもしれない。機体のいろいろな部分を入

入念な整備に感謝！

念に検査して、安全を確認してから、再び旅客便として飛びはじめたと聞いている。

いやはや、関係者にはたいへんな面倒をおかけしてしまったわけだが、お客さま方の安全を守るためには必要なことである。ここまで念には念を入れて機体を整備しているからこそ、お客さま方にも安心して乗っていただけるし、私たちも安心して操縦していられる。安全な航行は、実はこういった地上の方の入念な整備に支えられているのである。

エンジンで焼き鳥

予期せぬ難敵は、風や雲ばかりではない。こんなこともあった。

ある朝、北京《ペキン》を出発して成田に向かうところだった。

そのときも、私は機長だったが、この日は右側の副操縦士席にすわっていた。というのは、これから機長になる試験を受ける副操縦士が、その訓練のために、左側の機長席にすわって操縦してもよい「左席操縦許可者」という資格があり、その資格をとった副操縦士が左席にすわっていたのである。

滑走路に出て、管制塔からの離陸の許可が出るのを待っているあいだに外を眺めていると、滑走路の向こう側の端のほうで、鳥の群れが飛んでいるのが目に入った。副操縦士と、「鳥がいるね。俺たちが上がるまでに、どこかに行ってくれるといいんだけどね」などと話をしていた。

そうこうするうちに離陸の許可が出て、「鳥に注意しながら行こう」と言いながら走り出すと、うまいぐあいに鳥の群れは左のほうにどんどん遠ざかっていく。

そこで安心してどんどん速度を上げていったのだが、実は、滑走路のそばには、もう一群れの鳥が隠れていたのである。それがいっせいにぱっと舞い上がった。「あ、いるな」と気がついたときには、もうすでに速度はV1に達していた。

舞い上がった鳥は、遠ざかっていくかのように一瞬見えたのだが、なにを血迷ったのか、急にUターンして、私たちの進路に向かってきてしまった。そして、飛行機は離陸のために機首を上げるところだったから、いちばん端のエンジンに吸い込まれてしまったのである。

いきなりガタガタガタとものすごい振動がはじまった。だが、ここで止まるわけにはいかない。いったん離陸し、速度と高度は絶対に落とさないように用心しながら上昇していった。そのあいだに航空機関士がいろいろ操作して、エンジンの振動を止めようとするのだが、いっこうに止まらない。

端のエンジンを止めると、振動もほとんどなくなった。そこで残りの三つのエンジンだけを使って飛びながら、北京空港の管制と連絡をとって事情を説明し、再着陸することとなった。

お客さま方には、とりあえず「エンジンが故障した」とだけ説明し、降りて行って見てみると、エンジンの外側の部分が穴だらけになっている。

いささか専門的な話になるが、現在のジェット機のエンジンは、初期の単純なジェットエンジンとは少々仕組みが異なる。中心にジェットエンジンがあり、そこから後方にジェット排気が噴出されているところまでは同じだが、その噴出された排気で後部のタービン

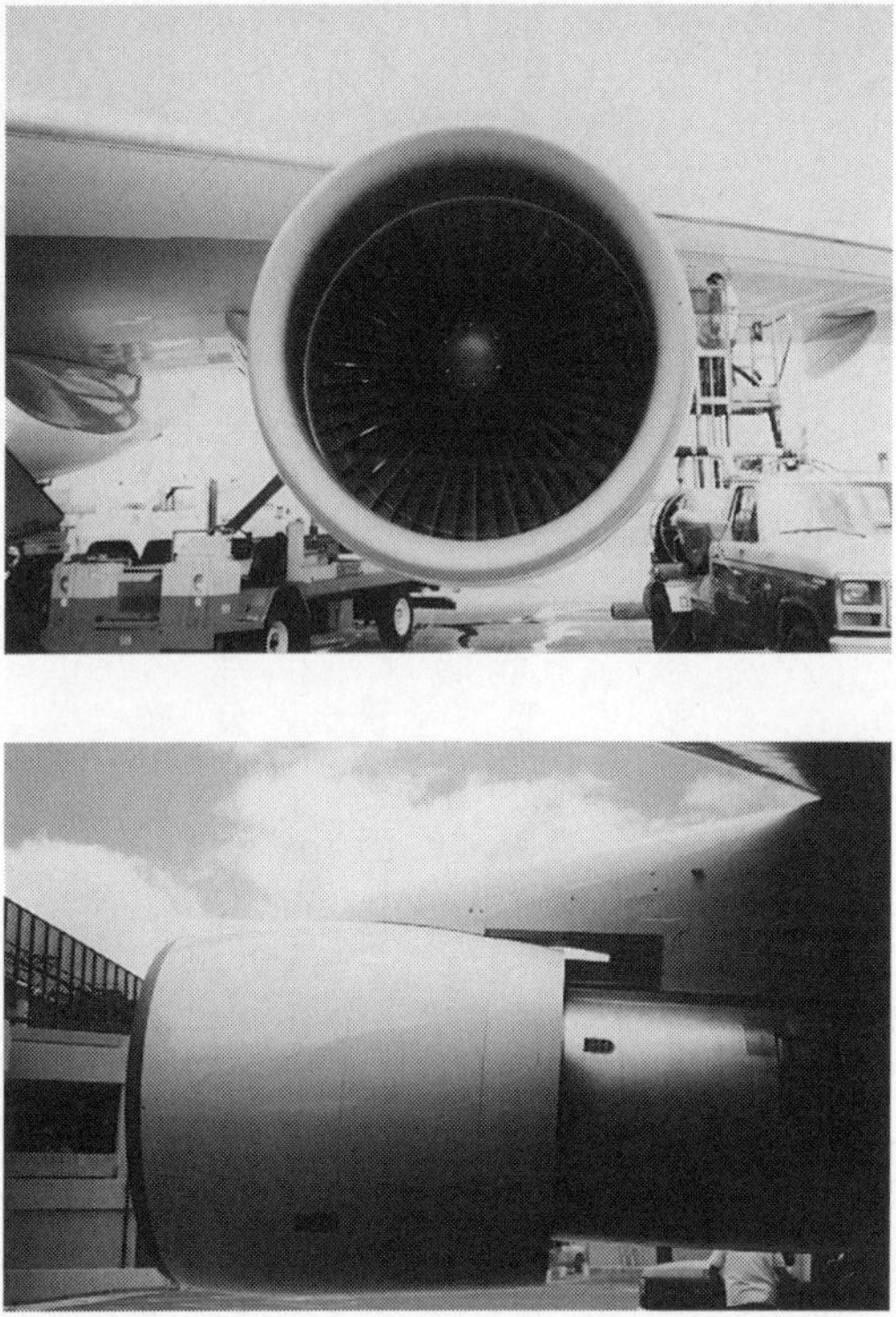

ファンエンジンを正面から見た写真（上）と真横から見た写真（下）

をまわし、その回転を中心軸を通して前に伝え、ファンをまわし、そのファンの回転が空気を後方に押し流す。

今では、このファンが大型化され、中心のジェット噴射よりも、こちらの推進力のほうが大きいほどだ。そこで、このようなエンジンをファンエンジンとよぶこともある。したがって、エンジンの外側の部分というのは、扇風機を逆向きにしたようなもので、つねに前から空気を取り込み、後ろに噴き出すという構造になっている。ファンがエンジン前方に納まっていて、中ですごい速さで回転しているのである。

その外側のファンの部分に鳥が吸い込まれてしまったのだ。かなりの穴が開いていた。誰が見ても、このまま成田まで飛んで行けるような状態ではない。エンジンを交換せねばならないが、交換用のエンジンを運んでくるのが夕方になってしまうという。

そんなわけで、北京にもう一泊するはめとなってしまった。お客さま方にもご迷惑をおかけしたが、私たちもあまり気分がよくなかった。日没まで十分な時間はあったが、市内見物をする意欲もなく、コックピットの一同、ぼんやりホテルで過ごし、さっさと食事をすませて寝ることにした。さすがに鳥肉料理を食べる気にはなれなかった。

第四章　空の仁義

ボーイング767

機長は病気できない

国際線のパイロットやスチュワーデスといった職業についていると、「外国にしょっちゅう、しかもただで旅行できて、いいですね」とよく言われる。だが、実際のところ、春秋の旅行シーズンや年末年始、お盆などは超繁忙で飛びまわり、義理は欠きっぱなしというぐあいで、お客さま方は好きなときに好きな所へ、揺れやサービスの心配をしないでのんびりと旅行できるとはうらやましいなどと、時差で眠れぬホテルのベッドで考えたりもする。

とはいえ、さまざまな国で、さまざまな物を見聞するにつけ、「ああ、パイロットになってよかった」と感じることも少なくない。

私がパイロットを志すようになったきっかけは、きわめて単純である。私が幼いころのこと、まだ小学校に上がる前である。母方の叔父が船乗りをしていて、航海から帰ってくると、世界のあちこちの絵葉書をもってきて見せてくれた。そういった絵葉書の景色を見たり、叔父が海外で経験した話をいろいろと聞いているうちに、まず最初は、私も船乗りになりたいと思うようになった。

その叔父は太平洋戦争のさなかに香港だかシンガポールから帰る途中で、船が魚雷で沈められ、亡くなったのだが、船に乗りたいという私の気持ちはずっとつづき、「ぼくは船乗りの学校に行って、船乗りになるんだ」と、他の職業につくことなどまるで頭になかった。

ところが、中学三年生のときに、担任でもあった数学の先生が、「おい、これ読んでみろ」といって一冊の本を手渡してくれた。それが『航空情報』という雑誌である。それを見て、「船に乗って外国へ行くのも悪くはないけれど、飛行機で行くのもいいな」と思うようになった。

いまになって思えば、要は、船であれ、飛行機であれ、外国に行ってみたかったわけである。

当時はいまとちがって、高校生や大学生がちょっとアルバイトして金をためて外国旅行に行くというわけにはいかない。外国に行くとしたら、いちばん手っとり早い方法といえば、船乗りになるか、飛行機乗りになるか、そういう時代であった。

そんないきさつもあって、外国へ行けるということは、私にとって、パイロットという職業のもつ大きな醍醐味の一つであると、今でも思っている。

しかし、単なる観光で行くのと仕事として行くのとでは、いささか旅の性質にちがいがあるのもまた事実である。

いちばん大きなちがいは、責任の重さではないだろうか。

飛行機の乗員たち、なかでもとくに機長には、つねに責任がつきまとう。

第一に、当然のことながら、もしフライトの途中で機長の私が体調をくずして操縦ができないようなことになったら、一大事である。副操縦士と航空機関士がいるとはいっても、二人でなにからなにまでぜんぶやるのはたいへんだ。支障をきたす。したがって、キャビンのお客さま方のように、ゆっくり機内食を味わったり、ビールを飲んだりというわけにはいかない。

フライト中の食事は、機長と副操縦士は交互に、別の献立の乗員食を食べる。これは、二人が同じものを食べて、絶対に両方が食中毒になるような事態があってはならないからだ。操縦ホイールを股にはさんだ恰好で、雲の様子をうかがいながら、そそくさと食べるのである。

第二に、出先でも、次のフライトが待っているから、食べ放題、飲み放題、遊び放題はできない。

体調をくずしてはいけないから、出先での食事にも気をつかう。あまり衛生的ではない場所で食べたり、食中毒になるおそれのある物を食べるのは、極力避けるようにする。私は火を通したものしか食べたり飲んだりしないことにしている。いくら美味しそうでも、生物は食べない。水道水もあまり飲まないようにしている。

注意の上に注意をしていても、まれに海鮮料理などにあたった話を耳にするから、衛生の問題については、十二分に本人たちが自覚して対応するしかないようだ。

一時的に乗務不能になっても、キャビンの乗務員なら、まだしも代わりのスタッフが見つかりやすいが、私たちパイロットの場合は、出先の空港で代わりのパイロットを見つけるのは至難の業である。資格の問題があるからだ。その場所にパイロットが何人かいたとしても、私と同じ機種、路線で、機長の資格をもっている者がいるとはかぎらない。私一人のために大勢の同僚やお客さま方に迷惑をおかけすることになってしまうのだ。

フライトのスケジュールが決まったら、絶対に穴を開けるようなことをしてはならない。どの法律にも規則にも「事故防止マニュアル」にも書いてあるわけではないが、それがパイロットとして守るべき最低限の仁義である、と私は思っている。

出先で起きたある事件

国際線といっても、たとえば成田から北京《ペキン》や香港《ホンコン》、マニラといった比較的近距離のフライトの場合は、日帰りが多いので、目的地の空港に着くと、空港ターミナル内にある会社の航務に行き、帰りの飛行計画を点検する。その途中、ターミナルの売店でちょっと買い物をするか、遅れて着いたときなどは、そのまま機内に居残って、航務に来てもらって復路の資料を確認するなど、機内から一歩も出ずじまいとなるのも再三である。

バンコクやシンガポールなど中距離の場合は、一日がかりで行って、向こうで一泊し、翌日の便で帰ってくることが多い。したがって、このときもほとんどショッピング、散歩程度に終始する。

アメリカやヨーロッパといった長距離になると、すぐさま折り返しというのは、いくらなんでもきつすぎるので、向こうでたいてい二泊する。この場合は、まる一日時間ができるので、そのあいだホテルで休んでいてもいいけれど、観光も、しようと思えばできないことはない。

私たちにとってありがたいのは、フライトが、週五便とか週三便というように、毎日は行っていないような場所に飛ぶときだ。そうすると、着いて翌々日の便で帰るはずのところ、たまたまその日にフライトがなければ、必然的にもう一泊せざるをえないこととなってしまう。二日間にわたって休養になるので、少なくとも一日は本格的にリラックスして観光したりショッピングしたり、好きなことがやれるわけだ。

かつてヨーロッパだと、場所によっては、週二便しかフライトが来ておらず、つぎの便まで三日ある、といったこともあった。そうすると、若い乗員たちは喜んで、「スキーに行ってきます」、「古城めぐりに行ってきます」、といった調子で出かけて行く。

ただし、機長の私は留守番でホテルに残り、出かけて行った乗員たちには、いつでも連絡がとれるよう、かならず行き先を連絡させる。そのあいだに、他の場所に行くはずの飛行機が天候の都合などで降りられずに代替空港としてこちらにやってくる、というような場合があるからだ。そのときは、急遽《きゆうきよ》電話して、すべての乗員をかき集め、飛行機が着いたらすぐに交代して乗れるよう、待機していなくてはならないのだ。

そういえば、私がアンカレジに駐在していた頃、こういう事件があったと聞いている。あるヨーロッパの航空会社の乗員たちがスキーに行き、帰ろうとしたところ、途中の道路で雪崩《なだれ》かなにかがあり、通れなくなってしまった。ちょうど折り悪しく、よそに行くはずの飛行機が予定変更でアンカレジに来ることになり、乗員たちをかき集めようとしたが、連絡がとれない。

どうなったかというと、その場で即クビである。本人たちのせいで帰れなくなったわけではないのだが、そんな言い訳は通用しない。言い訳する機会すら与えてくれない。フライトに穴を開けた以上、即座にクビ。

日本などアジアの航空会社だったら、そこまで薄情なことはしないのではないかと思うが、欧米の航空会社は、日頃は本人たちの自由にまかせ束縛しない反面、いざとなったら非情なまでにドライである。出先でクビだから、そこに置き去り。「本国に帰りたかったら、自費で帰ってこい」というのだ。これには私もびっくりした。

それもまた極端とは思うけれど、それほどフライトに穴を開けるということは、重大な過失とみなされるわけである。私たちの責任は重い。出先で遊んではならないということもないけれど、その責任の重さはつねに自覚していなくてはならない。

そういう面でいうと、私が行っていた路線の中で、いちばん嬉しかったのは、ニュージーランドに行くときであった。時差の問題はないし、日本と季節が逆さまだから、日本が真冬のときに向こうは真夏で絶好の海のシーズンである。純白の帆に風をはらんだヨットがたくさん浮かんでいて、まことにみごとな眺めで、私の気分まで爽快になるほどだ。

おまけに、仮にオーストラリア行きの飛行機が目的地の空港に降りられなかったとしても、オーストラリア内の他の空港を代替空港にするのがふつうで、ニュージーランドに来ることは、オーストラリアからは遠すぎて、まず考えられない。

このときばかりは、私たちコックピットの乗員も、キャビンの乗員も、つかのまの解放感にひたることができる。若い乗員たちは一泊二日でどこかの海辺へウインドサーフィンに行ったりする。そして機長の私はゴルフで汗を流す、というわけである。もっとも、残念なことに、現在、この路線はニュージーランドの航空会社の飛行機が飛んでいる。

東洋一のフカヒレ

コックピットの乗員もキャビンの乗員も、羽田や成田からの出発便ごとに全員が入れ代わるから、そのたびごとに、異なるメンバーとの組み合わせになる。ただし、私たちコックピットの乗員は機種資格や路線資格の問題があるから、ある程度は行く場所も限定されるし、同じ編成で仕事をすることも多くなってくる。

その点でいうと、私たち以上に世界各地を飛びまわり、知り合う人も幅広いのは、キャビンの乗員の面々であろう。たとえば私は、路線資格の関係で、南まわり欧州線を飛んだことがないので、インドや中東方面の国々にはまだ行ったことがない。しかし彼らはそんな制約がないから、わが社の路線のあるところ、世界の隅々まで経験している。したがって、私よりもはるかに知識が豊富なのである。

そういった人たちと出先でいっしょに食事をしたりすると、実にいろいろなことを教えてくれる。これもまた、私たちの楽しみの一つである。世界をめぐっているとはいっても、その大半は狭いコックピットの中で過ごし、ツーカーの間柄なのは副操縦士と航空機関士だけというのでは、井の中の蛙。大海を知るためには、コックピットの外の人たちとも情報を交換しあう必要がある。

そういうわけで、乗員グループの長老格にあたる私たち機長は、出先の食事などでは、なるべく誘いあって、他の乗員たちといっしょに行くようにこころがける。

出先にもいろいろあるが、私たちのあいだで人気のある街といえば、マレーシアのクアラルンプールであった。乗員の宿泊するヒルトン・ホテルはなかなか居心地がよく好評だったし、クアラルンプールの街も、緑が多く、東洋的なしっとりとした情緒があって、親しみやすかった。ホテルから少し歩けば、中華料理も西洋料理も、味に定評のあるレストランが軒をならべていた。

どこで食べるかは、各人の好みもあるので、みんながいっしょとはかぎらない。空港からホテルに向かうバスの中あたりで相談がはじまる。クアラルンプールにはフカヒレでは東洋一と噂され、とくに私のお気に入りであった中華料理店があり、誰かが「今日は例の中華でフカヒレ」と言えば、もう一人が「フカヒレは前回クアラに来たとき食べたから、今度はステーキ」と言い出したりし、そうするとフカヒレのグループとステーキのグループができて、それぞれに街にくり出していくこととなる。

シンガポールでは屋外で蚊にくわれながらの食事、冷蔵庫のように冷房のきいた香港《ホンコン》のレストラン、待てど暮らせど料理の出てこないモスクワ、分量ならどこにも負けないアメリカ、ローマの遺産で恰好をつけているヨーロッパ諸都市の食事など、グルメでもなんでもない私だが、よい経験ができた。

その昔、私が副操縦士になったばかりのころは、それこそコックピットの中では機長が王様で、副操縦士の私は、機長の命令には絶対服従という関係がよくあった。なかにはたいへん威張っている機長もいて、コックピットを出てからも、機嫌をとるのに腐心することがあった。いっしょに食事に行くメンバーを集めておけ、というのである。

キャビンの乗員たちに、いろいろと探りを入れたり、誘ったり、説得したりするのだが、そう思惑どおりにいくとはかぎらない。食事時になると、機長はロビーで早くから待っていて、そこへ私が成績を報告に行く。

「田口君、どうだった？」

「えー、それが、そのー。今日はキャプテンと私と航空機関士と三人だけで……」

そう告げると、とたんに機長は、「なんだ、一人も来ないのか、キャビンは！」と、ご機嫌ななめである。

そんな副操縦士の受難の時代もあった。しかし、最近ではそんなことはない。副操縦士が「ちょっと先約がありますので」と、機長と別に食事をとることもふつうである。そのあたりは各人の自由。機長としては、いささか寂しい気がしないでもないものの、たいへん民主的な世の中になって、けっこうなことと思う。

時差ボケ対策

緊張のあとはリラックスが必要だ。フライトのあとも同様である。リラックスするには、楽しい語り合いと美味しい食事が適当だ。

そこで、みんなで誘いあって外へ食事に出かけるのがふつうだが、それをやってはならない場合もある。

その理由は、時差である。地球の裏側に飛んで行くときには、昼と夜が逆転してしまう。人によっては、体調をととのえるために、昼間に寝ていたりすることがある。そういうときには、ゆっくり寝させてあげねばならない。

たとえば食事に行くのに、何時にホテルのロビーに集合という打ち合わせになっていて、そこに一人だけ現れなかったとしても、おそらく寝こんでしまったのだろうと推測して、部屋に電話して起こしたりはせずに、集まったメンバーだけで出かける。

ただし、クリスマスのときなど、決まった時間だけしかレストランが開かない場合には、食いはぐれないように、かならず決まった時間に電話をして起こしてくれと頼んでおく。空腹で眠れないときほど情けないものはない。

この時差の問題には、国際線の乗員はみんな苦労する。

いちばん辛いのは、日本からアメリカに飛ぶときだ。すなわち、太陽に向かって西から東に飛ぶときである。そのあいだは太平洋だから、途中で一休みというわけにはいかない。そして目的地に着いたら、十二時間近い時差で、完全に昼夜逆転。日本では真夜中の時間に、向こうでは真っ昼間である。

着いてすぐは、さすがに疲れているから、軽食をとり、バタンキューと寝てしまう。そこまではいいが、おなかがすいてきて目を覚ましたら、もう真夜中である。音をたてないようにしながらごそごそ起き出して、ホテルか近くの二十四時間営業のレストランで食事をとり、あとは本を読んだりテレビを見たりして朝を迎える。

日中はなんとかかんとか過ごして、最大の難関が、次の夜である。日本の昼間だ。寝ようにも寝られない。かといって一晩中起きていたのでは、翌日の帰りのフライトに支障をきたす。かくしてベッドの上で横になったり起き上がったりの寝たような寝ないような一夜を過ごすこととなるのである。

なんとかこの時差の問題を克服する手はないものかというので、各自いろいろと工夫をする。大別して、二つの対策があるようだ。

一つは、強引に現地時間に合わせる方法である。着いたときは疲れていて眠いけれども、向こうは昼間なのだから、頑張って起きている。それだけ頑張ってずっと起きていれば、たいがいの人は夜ぐっすり眠れる。そして、翌朝は死ぬ気で日が昇るとともに起き出す。

この瞬間がもっとも辛い。体はまだ日本時間をひきずっているから、食事しても美味しくはないし、ゴルフをしてもよいスコアは出るはずもないのだが、とにかく我慢に我慢を重ねながら、現地時間で頑張り、体を動かしつづけるのだ。すわって本など読んでいたのでは、眠ってしまうのはまちがいない。うけあってもよい。

もう一つは、逆に強引に日本時間でずっと生活するという方法だ。向こうが夜であろうが昼であろうが、おかまいなしに、眠くなったら眠り、目が覚めたら起きる。無理に現地時間に合わせる必要はない、という考えである。現地では昼寝て夜起きる泥棒のような生活だから、外の様子はまるでわからない。

このどちらがいいかは、勝敗なし。どちらをとるかは、人による。

私自身は、両方やってみた結果、どちらもたいへんだということがわかった。いまのところは現地時間方式をとっているが、いずれにしても、時差との闘いには厳しいものがある。

口下手な機長

キャビンの乗員たちとちがって、私たちコックピットの乗員は、お客さま方と直接に接する機会はあまりない。しかしコックピットに閉じこもって、お客さま方のことを忘れてしまうようでは、職業人として失格である。パイロットといえども、旅客機を操縦しているからには、お客さま相手の商売であることにはかわりはない。

立派な空港ビルディングからゲートを通って狭い機内に入り、座席についてシートベルトをしめるころには、お客さま方の緊張も高まっている。その緊張をいくらかでも和らげ、搭乗していただいたお礼を申し上げるため、機長も機内アナウンスで挨拶するのが慣例である。

昔、私はこれが苦手であった。もともとが口の達者なほうではないし、航空大学校や会社でも飛行機を操縦する訓練はいやというほど受けているが、しゃべり方の訓練までは受けていない。航行が順調なときをみはからってアナウンスするのだが、はじめのころは、挨拶せねばと思うだけで、かなり緊張したものである。

しかし、そんなことではいけないと思いなおし、キャビンの乗員たちからアドバイスを受けたりもして経験を重ねながら、ようやく最近では、お客さま方の耳ざわりにならないよう、マイクの使い方にも気をつかったりして、やっと少し余裕をもってしゃべれるようになってきた。前方に乱気流のおそれがあって、ベルト着用のサインを長くつけねばならないようなときには、自分でその事情を機内アナウンスして説明することもある。

香港《ホンコン》へ飛んでいたころは、広東《カントン》語の会話を少し習ったりもしていた。挨拶くらいは、日本語と英語だけでなく、広東語でもやってみようというわけだ。会話といっても、「私は機長の田口《たぐち》です。ご搭乗ありがとうございました。どうぞおくつろぎください」という程度だから、さして難しくはない。もっとも、初めて試みたときには、あとで香港のキャビン・クルーに批評をあおいだところ、「広東語のアナウンスがあったとは知らなかった」と言われ、実にがっかりした。

ともあれ、それだけでも、お客さまが受ける印象はだいぶちがうのではないかと思う。

幸い、キャビンの乗員には、いろいろな国の人が混じっており、日本人の乗員にも語学の堪能な人がいて、そういう人たちが先生になってくれる。ひとことの挨拶だけでもいいから、行く先々の国の言葉でしゃべれるようになりたいものだと考えている。

機長の私がキャビンのほうに行って、マイクを通さず直接話すことはきわめて稀《まれ》だが、ないわけではない。もちろん操縦中はありえないから、空港で待っているあいだの話だ。

成田で降りるはずだった便が、房総《ぼうそう》半島の南の海上を通過していた台風による強い横風のために降りられず、千歳《ちとせ》に行ってしまったことがある。

燃料を補給し、成田の天候の回復を待って、再び出発する手はずなのだが、同じ事情で千歳に来た飛行機がたくさんいるから、順番待ちをしなくてはならない。私たちより前に二十機近くも待っていて、離陸できるまで二、三時間かかるようだ。こうなると、機内アナウンスで説明しただけでは、お客さまも納得してくれない。

そこで、私みずから、客席を前のほうから順番に説明してまわった。お客さまのほうから質問があったりもするから、やはり一方通行のアナウンスだけでは不十分なのである。

このときは、成田の天候の変化の状況、空港からの交通機関の運航はどうなのか、外部と連絡したいのだが、といった質問が多かった。丁寧に理由を説明し、出てきた質問には誠実にお答えさせていただく。ここまですれば、たいていのお客さまは納得してくださるものだ。

マイクを握りたがるお客さま

モスクワ線を飛んでいたころ、成田空港で、一度こんなことがあった。

当時は、ハイジャック事件が何度かあって、警戒が厳しくなっていた時期だったと思う。通常の搭乗ゲートでの検査とは別に、機内へのドアの手前でも、五、六人の警察官が見張っていて、乗客の検査をおこなっていた。

お客さまの搭乗もほとんど完了し、貨物室の各ドアもぜんぶ閉まった様子だが、出発五分前の連絡が地上からなかなかこない。客室も操縦室もちょっとざわついてきた。そのうち、お客さまと警察とのあいだで、なにかトラブルが起きたようだと知らせがきた。

機長の私が様子を見に行くと、お客さまと警察官が険しい表情で口論している。わきで聞いていると、お客さまは、「俺を侮辱した。謝れ」と怒り、相手の警官は顔を青くしながらも、「職務上しただけで、謝る必要はない」と言い張っている。

どうやら、その時の警察による乗客の検査は、お客さま全員を調べるのではなく、ざっと見ていて、これはと思う人だけをわきに呼んで検査するという方法をとっていたようである。だが、呼び止められたお客さまにしてみれば、「他の客はぜんぶ素通りさせて、俺だけ止めて検査するとは何事だ。けしからん」と不快になるのも、わからないではない。それで、口論になってしまったものらしい。

双方のやりとりを聞いていると、完全に平行線である。わが社の空港支店長もやって来て、事態を見守っているが、いっこうに決着がつきそうにもない。ゲートの奥の飛行機出入口には心配そうなスチュワーデスたちの顔がならんでいる。

そこで、心を決めて、私があいだに割って入った。「お二人とも、ちょっと聞いてください。お客さまご夫婦以外はみんな乗られました。われわれはいつでも出発できる態勢です。そちらの話し合いが終わるのをお待ちしておりますので、なるべく早くお願いします」

ところが、お客さまは、それを聞いて、ますます燃え上がってしまった。「機長さんまでこう言ってくれているのに、貴様は何だ」と警察官に怒っている。しまいには、「上司をよんでこい」とカンカンである。

私は支店長と横で相談し、「このままじゃ、おさまりがつきそうもないから、こうしませんか。支店長のほうで、警察のほうと連絡をとっていただいて、のちほど何らかの言葉をこのお客さまに会社からお伝えする。そういうことで、この場はなんとか納めてもらって、とりあえず乗ってもらうことにしましょう」

支店長も同意してくれたので、あとはお客さまの説得である。

すみのほうでしょんぼりとしていた奥さんのほうに向かって、「奥さん、ご旅行に行きたいですか」と聞くと、「そりゃ、もちろんです。海外旅行は初めてです」と言う。

奥さんの意向がわかったので、強気で、今度はカンカンになっているお客さまに向きなおって言った。「奥さんもこう言ってらっしゃいますし、せっかく準備もしてこられたんですから、こんなことで旅行が中止になっては、不本意でしょう。警察のほうには、当社の支店長から話をして、のちほど会社からご連絡するようにいたしますから、どうか乗ってください。あとはお二方だけで、他のみなさまがお待ちです」

ようやくお客さまも、「機長さんがそこまで言うなら、あなたを信用して、乗ることにしてやる」と納得してくれたが、それでも「帰ってきたら、ただではすまない」と警察官にいきまいている。

「その話は私にまかせてください。とにかく行きましょう」と、二人の背を押すようにして、飛行機の中に入っていただいたのだが、そこからまた一悶着あったのである。

巡航に移ってくつろいでいたら、キャビン・クルーが来て、例のお客さまが機長と話したいと言っているという。席へ出向いて行ったら、「他の乗客のみなさんにたいへんな迷惑をかけて申し訳ないことをした。謝りたいから、機内放送をさせてくれ」と言う。

「いやあ、飛行機が遅れるのはしょっちゅうあることで、誰も気にしてませんから、そこまでしていただかなくてもけっこうですよ。やるなら、私がやります」と言ったところ、それでも「いや、それじゃ、みんなに迷惑をかけてしまった俺の気がすまない。ぜひマイクを貸してくれ」と引き下がらない。

「実は飛行機のマイクというのは、法律があって、資格をもっている人でないと使えないんですよ。まことに申し訳ありませんが」と、このときばかりは嘘をついたのだが、すると今度は、「それじゃ、客席をまわって一人一人に謝る」と言い出した。

キャビンの乗員の長であるパーサーと私で必死になってなだめ、やっとのことであきらめてもらった。

そのお客さまは、やくざでもハイジャッカーでもなんでもなく、まことに律儀な方で、私の名前を覚えていて、帰ってきてから会社を通じて、お礼の手紙と果物の箱が送られてきた。そういう純真な心の方だけに、かっとなりやすく、警察官の対応に燃え上がってしまったのだろう。

ハイジャック対策

私たち乗員にとって、飛行機事故も恐いが、それと同様に絶対に出会いたくないのがハイジャックである。お客さまは大事にしなくてはならないが、ハイジャック犯にだけは乗ってほしくない。そのハイジャック犯が、お客さまにまぎれ込んで来るわけだから、困ったものである。おかげで前述のようなトラブルが生じるわけだ。

ハイジャックに対しては、航空会社も空港の警備も警察も、できるかぎりの対策をとっている。乗員の訓練では、さまざまな場合を想定して、どういう状況ではどういう対応をとるべきかということを討議し合ったり、過去にどういう事例があったかといったことを熱心に勉強している。

私たち乗務員の行動の基準となるのは、第一にお客さま方の安全、次いで飛行機の安全の確保である。

もし万が一ハイジャックがあった場合を想定してみると、私たちにとって難しいのは、お客さま方の安全を第一に確保せねばならないことだ。とにかく犯人をとっつかまえさえすればいいというので、飛行機の中でそれこそ西部劇まがいの乱闘をして犯人を追い詰めるのは映画の世界の話で、現実には、犯人が何人いるのか、どんな凶器をもっているのかもわからない。彼らの要求を聞いて外部にとりつぐのが精一杯なのではないだろうか。地上であればともかく、いったん飛び上がってしまってからは、どこかに着陸できれば大成功といってもよい。

したがって、ハイジャックを防ぐうえでいちばん効果的なのは、やはりそのような事件が起こる前に、ハイジャック犯を飛行機に乗せないことだろう。非常にデリケートな問題であり、難しいことでもあるが、徹底的に手荷物などの検査をして、凶器になりそうなものを機内に入れないようにする。これが最善の策というほかはない。

警察になんらかの情報が入っていて、ハイジャックが起きる可能性があるといった場合には、当然ながら、警備を強化し、それにともなって、お客さま方の検査もきびしくせざるをえない。

そのために、ときによっては空港の中で二回も三回も手荷物の検査があったり、不愉快な印象をもたれることがあるかもしれないが、けっしてお客さまに嫌がらせをしようとしてやっているわけではない。お客さま方の安全のためにやっているのだということを、どうかご理解していただき、ご協力をお願いしたい。

それから、もしも本書の読者のなかにハイジャックを企んでいる人がいれば言っておきたいのだが、これまでにもたびたび述べてきたように、飛行機を飛ばすというのは、そう単純なことではない。

たとえば仮に私にピストルを突きつけて、「どこそこに行け」と言われても、私にはその空港へ行った経験がないかもしれないし、行ったことのない空港にいきなり行ってうまく降りられる保証は技術的にもまったくない。そこまで飛べる燃料もないかもしれない。私たちはフライトのたびに、必要な燃料を計算して、なるべく余分な分量はもたないように積んでいるのである。

そのほかにも、天候の問題もあれば、航空管制の問題もある。空港ごとに異なる離着陸システムの問題もある。いくら私が脅かされても、私の一存だけでは、言いなりになるわけにはいかないのだ。

そういった事情を理解するならば、ハイジャックなどという無謀なことは、やろうとしたところで成功するわけがない、ということがおわかりいただけよう。

出発点に戻ってしまったフライト

これは、私がまだ機長になりたてで、B727に乗っていた頃のことだ。北海道で飛行機の墜落事故があり、わが社はその事故とは直接にはなんの関係もなかったのだが、遺族の方たちを現場近くの千歳《ちとせ》空港までお送りすることになり、私がそのフライトの一部を担当したことがある。乗客には関西の方が多く、伊丹《いたみ》から羽田に着いた飛行機を、私がひきついで、羽田から千歳に向かうことになった。

特別便のため、もう一方にも機長の資格をもったパイロットがすわり、機長と機長の組み合わせ。さらにB727のパイロットではないが、もう一人の先輩パイロットが、一行の団長役として、私たちの後ろにすわって、指揮をとるという形であった。

予報に千歳は早朝より霧が出るとあったので、着陸できるかどうか心配しながら、夜明け前に羽田を発ち、早朝に千歳の上空にたどりついたところ、案の定、千歳名物の海霧で、視界はほとんどゼロとの地上からの通報だった。

ボーイング727

海霧とは、文字どおり海でできる霧で、それが明け方に内陸に向かって押し寄せてくる。千歳はこの海霧が非常に発生しやすい場所なのだ。お客さま方はご存じないかもしれないが、パイロット仲間のあいだでは常識である。

だから羽田を発つ時点から、降りられないときに備えて、燃料は積めるだけ積んでいった。しばらく上空で旋回して待ったが、いっこうに晴れそうにもない。上から見ると雲の波が海上から陸地のかなり奥までびっしりと入り込み、灰白色に鈍く光っている。

これではどうにもしかたがない。後ろの団長に、「日が昇って気温が高くならないと霧はとれそうにもありませんが、それまでは燃料がちょっと足りません。どうしましょうか?」とうかがいをたてる。

団長は、「うむー」と考えているが、名案は出てこない。

いっこうに降下しないので、キャビン・クルーがなにか言いたそうに操縦室に顔を出すが、そのまま帰っていく。

事情説明をしてくれないかなと、ときどき団長の顔を見るが、腕組みをして、外をじっとにらんでいる。

私が、「いったん羽田に帰って出なおしますか」と言うと、団長も、「しようがない。そうするか」ということで、羽田に戻ることになった。

ところが、羽田に帰ってきたところ、今度は羽田の視界が案外悪く、降りられない。実は、数ヵ月機長で飛んでいれば着陸できる程度の視界だったのだけれど、私たちの便は、あいにく私が機長になりたてで、その気象条件で降りてもよいという資格を取得していなかった。隣の機長も私と同期で、彼の最低着陸気象条件の資格も同様である。後ろの団長はというと、団長になるくらいだから大ベテランなのだが、通常は別の機種に乗っていて、B727の機種資格をもっていなかったので、操縦できないのだ。

羽田の滑走路を目前にして、着陸復行するはめになった。

私たちの資格で降りられる空港というと、そのときの各地の気象条件などを見ていくと、伊丹しかなかった。もう燃料もだいぶ消費している。

「しようがない。伊丹に行くしかないな」というわけで、団長に「伊丹に向かいます」と報告し、またまた予定変更して、伊丹へ飛んだ。

伊丹のタワーから着陸の許可をもらって進入してみると、羽田と同様で、視界が悪い。私の着陸気象条件ぎりぎりで滑走路が見え、やっとすべり込んだ。

駐機場について、ほっとしてベルトをはずしていたところ、スチュワーデスがやって来て、いわく、「お客さま方が怒っていらっしゃいます」

それはそうだろう。関西から出発して、東京を経由して千歳に行くはずが、夜中から昼近くまで何時間も日本の空の上をうろうろしたあげく、結局また出発点に戻ってきてしまったのだ。私が客でも、怒るにちがいない。

スチュワーデスが、「お客さま方が、ぜひ機長の説明を聞かせていただきたいと言ってるんですけど」

呼ばれている機長とは私のことのようだ。どうしたものかと、じっと団長の顔を見ていたら、団長が、「まあ、いいだろ」と言ってくれた。結局、説明はなし。ちなみに、この方は当社乗員中いちばん無口との評判であった。

すでに相当な時間を飛んでいたから、乗員は全員交代である。別の機長があらためて伊丹から千歳に向かうこととなる。私はあまりの面目なさに顔を上げる勇気もなく、お客さま方のわきをすりぬけ、地上の職員がたいへんな剣幕で叱られているのを小耳にはさみながら、そそくさと隠れるように退散したのだった。

いまの私だったら、降りて行って、きちんと乗客のみなさまに事情を説明することができたかもしれない。だが、そのころは私も機長になりたてである。訓練で教官や先輩から怒鳴られるのはしょっちゅうだが、お客さまから怒鳴られる練習まではしていない。

パイロットとは、空の上で機械を相手にしていてこそ颯爽《さっそう》としていられるが、地上に降りて人間が相手となると弱いものだ。そう実感しつつ、われながら自分のふがいなさを恥ずかしく思ったしだいである。

第五章
てんやわんやのVIPフライト

政府専用機1号機

運とタイミング

長いパイロット人生の中でも、とくに印象に強く残っているフライトといえば、VIPフライトである。私は、前にも述べた浩宮《ひろのみや》さまに乗っていただいたフライトにつづいて、一九九一年に当時の海部《かいふ》首相がロンドン・サミットに出席されるとともに東欧諸国を歴訪されたフライト、そして一九九三年に天皇皇后両陛下が東南アジア諸国を訪問されたフライトと、計三度のVIPフライトを担当させていただいた。

そういうと、「VIPフライトといったって、要するにVIPが乗っているというだけの話で、パイロットの仕事は普段と同じなんじゃないか」と思う方がいらっしゃるかもしれない。

たしかに飛行機を飛ばす操縦の技術はどんなときでもいっしょだけれども、VIPフライトならではの特別な儀式や、注意すべき点がけっこうある。

まずはコックピットの編成から見ていくことにしよう。

このような重要なフライトの場合、パイロットは左席も右席も機長である。さらに、長い旅程でフライトが数度にわたる場合は、行く先々でどんどん交代しながら操縦していくので、その交代用の機長がいる。交代用の航空機関士もいる。それがみんないっしょに行くので、合計すると機長が四〜五人くらい、航空機関士が三人くらいという編成となる。

その全員が狭いコックピットの中に押し込まれるから、中は人だらけの状態。東京の通勤電車なみの混雑である。といっても、立っていくわけにはいかない。ジャンボのコックピットの座席は五席なので、離着陸時には余った人は客室にすわっている。

これらのメンバーはどういう基準で選ばれるかというと、もちろん政府や宮内庁から当社が委託されておこなう責任の重い仕事だから、誰でもいいというわけにはいかない。

まず乗客の人数がおおむね何人くらいになるかが見積もられ、それによって、どの飛行機を使うかが決められる。乗っていくのはＶＩＰご本人だけではない。随行員、同行者、訪問先でパーティーを開くための準備係、さらには報道関係者といった面々が同乗してくから、ぜんぶ合わせれば、百人をこえる大所帯となる。海部首相のときは、総勢二百数十人で、これではジャンボでないと無理だということになり、Ｂ７４７で行くことになった。

となるとパイロットは、Ｂ７４７の機種資格、そして欧州線の路線資格をもっている機長にかぎられてくる。そのなかで経験豊富な機長たちが選ばれるわけだ。当時たまたま私は欧州路線を担当する欧州第一路線室長であり、機種もB747だったので、私もその一人に選ばれたのである。

機種と路線が限定される民間航空では、それらが異なれば選ばれることはないし、また海外へのVIPフライトがそう頻繁にあるわけでもないから、そのあたりは運とタイミングの問題でもある。

私が三度もVIPフライトを経験できたのは、非常に運とタイミングに恵まれていたといえよう。

国旗の上下が大問題

VIPに乗っていただくには、機内の内装も特別につくりなおす必要がある。まずVIPご本人たちのためには、一階の先頭部の通常ファースト・クラスの客室になっているところを、座席をぜんぶ取り払い、そこにソファやテーブルを入れて、居間とする。二階も座席をぜんぶ取り去って、ここにはベッドを入れ、寝室とする。

実は、この二階の前のほうが私たちのいるコックピットであり、飛行機の構造上、私た

VIP用航空機の機内〔右が筆者〕

ちコックピットの乗員は、コックピットをいったん出て、二階席から下に行く階段を通って一階や出入口に行く。もちろんトイレも一般用を使用する。ＶＩＰが二階をご使用になられるときには、あらかじめコックピットに連絡があるので、下に行く用事のある場合は、静かに、しとやかに、ひそやかに行動するのである。

その階段を降りたところの、通常ビジネス・クラスになっているところが、ＶＩＰのおつきの方方の席になる。そして、後ろのエコノミー・クラスの客室は、同行の方々や報道陣の面々が席を陣取り、最後部が当社の関係者用である。

キャビンの乗員たちは、直接こういった方々と顔を合わせ、サービスをすることになるので、私たちパイロット以上に、相当に気をつかうものらしい。

お客さま方にとっても、私たちと同様、VIPフライトの飛行機に乗るというのは、めったにできない経験であろう。目的地に着けば、VIPについて行動して報道やら連絡やらで忙しく、おそらく息をつけるのは機内くらいのものだ。飲み物のオーダーはあちこちから飛んでくる。「いま、どこを飛んでいるんですか」といった質問がそこかしこから出る。それらのオーダーや質問に、逐一ていねいに答えるキャビン・クルーはたいへんだ。

コックピットにも、ときどき下から機内電話がかかってくる。「あの、報道の方から、いまどこを飛んでいるのかというご質問なんですけど」

パイロット用の航空路図には、地名や山、川は記入されていないので、地図を参考にして見当をつけて答えるが、適当な目標がないときは、どこそこまで何キロなどと、お茶を濁す。

操縦席の後ろに控えている交代用の機長や航空機関士も、目的地の航空用天候情報を受信したり、上空通過国に外交挨拶文を送ったり、いろいろな用があって、忙しくしている。

なかでも、VIPフライトならではの特別な大仕事がある。それが、旗出しである。着陸してから特別便用の駐機場に到着するまでのあいだに、相手国の旗と日本の旗をコックピットから突き出すのである。船から入ってきたものと考えられるが、特別機が他国に行くときには、この旗出しをするのが慣習になっている。

Ｂ７４７の場合は、コックピットの上に乗務員が緊急時に脱出するための小さな穴があるので、その蓋をあけ、二つの旗を交差させて上に突き出す。その穴がない機種の場合であれば、操縦席の横の小窓を開けて、そこから出すことになる。

もちろん、上空を飛んでいるときには蓋や窓を開けるわけにはいかない。目的地の空港に着陸して地上滑走しているあいだに、「さあ、今だ！」というので、ワッとやるのだ。

地上滑走といっても、時速三十〜四十キロのスピードで走っている最中である。下手をすると風で吹き飛ばされてしまうから、旗竿に旗を紐《ひも》でくくりつけたり、旗竿を金具で固定させたり、なかなか人手とテクニックを要する作業なのである。それをぬかりなくやるための準備が、操縦席の後ろで、みんなでワイワイガヤガヤやりながら、進められている。

その際に、よく問題になるのが、相手国の国旗の向きだ。日本の国旗の場合は、ひっくりかえしても同じだからいいけれど、旗によっては、どちらが上か下かで迷うことがある。アメリカやイギリスの旗なら、オリンピックなどでもよく見かけるから簡単にわかるが、世界には何百という国があるから、見たことがないような国旗もなかにはある。コックピットの中で、いざ着陸が近づいて旗を出そうというときになって、「おい、どっちが上かな。こっちかな」、「いや、こっちが上じゃないか」というような議論になる。

私たちから見ればどっちでもいいようでも、向こうの国民にとっては大切な国旗である。うっかり上と下をまちがえて出したりしたら、「国辱だ」と抗議がきて、国際問題に発展しかねない。それが原因で戦争になったという話は知らないが、とにかく失敗は許されないのだ。

そんなわけで、私がＶＩＰフライトを担当した頃には、地上の係の人が前もって国旗の上下を確かめて、上と下に印をつけておいてくれるようになっていた。

着陸して、実際に旗出しをするのは、航空機関士がやることが多い。天井の穴を開けるから、雨が降っていたりしようものなら、ずぶ濡れである。それをまわりの乗員たちが夕オルで拭いてあげたりする。こうして風と雨にさらされながら作業していると、なんだか大航海時代がしのばれるのであった。

ワルシャワの木

VIPフライトの予定が組まれると、航空関係の準備は、本番のかなり前からはじめられる。

通常の旅客便が行くのとちがって、飛行のルートや駐機場所などが特別なものになることがある。本番になって失敗がないように、綿密な計画が練られる。訪問先の空港には、フライトを担当する機長や地上担当者が手分けして出向き、下見してくる。

海部《かいふ》首相のロンドン・サミット出席の際は、そのついでに東欧諸国を訪問するという予定だったので、事前の準備もそうとう慎重におこなわれた。いわゆる鉄のカーテンがまだ残っていたころで、東欧に実際に足を踏み入れたことのある日本人は、あまりいなかっただろう。

私たちも、自分の目で東欧の国々の中を見るのは初めてのことだった。いったい巨大なジャンボが着陸できるような設備がととのっているのかどうかも確かめておく必要がある。

その準備の過程で浮かび上がってきたのが、ワルシャワ空港の片隅に生えた一本の木だった。

私たちが下見に行った段階では別に問題はなさそうだったのだが、その後になって、おそらく空港の図面を検討していた地上の職員が見つけたのだろうが、「駐機場のそばに、どうも翼がひっかかりそうな木が一本あるようだ」という話になった。

こうした要人が行く場合、滑走路は通常どおりでも、飛行機を止めるのは、ふつうの場所ではなく、奥まったところに設定されることが多い。これは、警備上の問題や歓迎パレードをおこなう理由などによる。そうなると、飛行機が滑走路からそこまで行く途中が問題になる。日頃は使っていないところを通るわけだから、本当にちゃんと走行できるのか、すみずみまで目を光らさねばならない。

問題の木は、その飛行機の通り道のわきにあった。かなり離れたところではあるが、なにしろジャンボは図体がでかく、翼も大きいので、ひっかかる恐れがある。少しまわり道をして避けて通ればいいと思うかもしれないが、空港内での飛行機の通り道というのは、基本的に一本の線として定められており、その上を機体の中央がたどっていくという決まりになっている。

自動車が対向車をかわすときのように左がちょっと空いているから、そちらに寄ってかわすというわけにはいかない場合がほとんどだ。操縦技術的にはできないこともないが、この場合は、右側にも建物がせまっていて、本当にぎりぎりという状況だった。

ともあれ、「これは切ってもらうしかない」というので、ワルシャワ空港側に連絡を入れて、切っておいてもらうことになった。

いざ本番になって、ワルシャワ空港に着き、最微速で地上を走行しながら、問題の地点に近づいて、コックピットから外を眺めてみると、本当に白い切り株があるのが目に入った。すでに切ったあとだから、どれくらいの大きさだったのかはわからないが、かなり太い切り株だった。もし切っていなければ、その手前でいったん停止し、そこからさらに奥に入っていくのはちょっと無理だったろう。

地上の担当の人も、よくそこまで気がついたものだと感心する。また、向こうの側も、ちゃんと木を切っておいてくれて、たいへんたすかった。たかが一本の木ではあるが、その木のために大勢のスタッフが苦労したわけだ。飛行機の運航というのは、こうした多くの関係者の努力に支えられているものだということを実感させられた。

そこのけそこのけＶＩＰが通る

私自身はＶＩＰでもなんでもないけれど、その飛行機を操縦させていただいたおかげで、ＶＩＰの余禄にあずかることができた。これは、やってみないとわからない。はなはだ気持ちがよいものである。なにがちがうといって、歓迎のされかたがちがう。

あらかじめ歓迎プログラムのスケジュールが決められていて、私たちは定められた時刻に向こうの空港に乗り込んでいくのだが、これも特別待遇で、私たちが降りる時刻になると、空港の管制が離着陸する他の飛行機をぜんぶ差し止めてくれるのだ。

いつものフライトのように、順番待ちをしたり、前や後ろの飛行機を気にする必要はまったくない。さしずめ土俵に上がる大相撲の力士といったところだろうか。行く手をさえぎるものはなにもなく、上で旋回しながら待たされている飛行機を尻目に、大威張りで颯爽と舞い降りていく。

前述したように双方の国の国旗を機体の上にかかげながら滑走し、指定された場所に向かっていくと、前方には出迎えの軍楽隊だの儀仗《ぎじょう》隊がずらりと並んで、私たちの到着をいまかいまかと待っている。

その中に入っていき、指定された位置、指定された向きにぴたりと止める。ここで、私たちの役目はいちおう完了。あとはビルの三、四階にも相当するというコックピットの窓から、歓迎の模様を高見の見物である。

数百人にもおよぼうかという出迎えの人々の見守る中、ジャンボのドアから出てタラップを降りていくＶＩＰの気分はなかなかのものであろう。さすがに一国の元首宰相ともなれば、こういうふうに歓迎されるのかと、見ている私たちまで気分が高揚してくるほどだ。

ＶＩＰが歓迎のパーティーに出たり、会議に出席したりと忙しい日程をこなしているあいだ、私たち飛行機の乗員のほうも、当地の大使館や支店の方々の手配で、観光に連れて行ってもらったり、パーティーをしてもらったりと、これも余禄で、特別待遇を受けている。

航空関係者がうちわで集まって宴会をしてくれたりといったときには、こちらもリラックスして楽しめる。ＶＩＰの正式なパーティーには出ないが、非公式なパーティーだと、声をかけてくれるときもある。そういうところへ行くと、スチュワーデスは華である。

だいたいそういう会場は、どうしても男が多くなるから、そこに彼女らが入っていくと、視線がわっと集まることとなる。スチュワーデスはもともと接客が大事な仕事で、人を相手にするのは慣れている。素敵な服装でにこやかに微笑と愛想をふりまき、たちまちまわりは人の渦といったぐあいで、颯爽と輝いて見える。

そこへいくと、私たちコックピットの乗員は、そういう場所では、あまりぱっとしない。歓迎してくれないとまではいわないが、あまりありがたがってもくれてはいないようだ。慣れたコックピットとは勝手がちがい、気後れしてしまい、しかたがないので、隅のほうにかたまって、ちびちびビールかなにかを飲みながら、窮屈な思いをすることになる。

とはいうものの、窮屈なパーティーをのぞけば、非常に楽しいことずくめだったように思う。

意気投合した両首相

たいへんなのは、出発のときだ。私たちは、定められた時刻に出発し、定められた時刻に目的地に着くのが任務だから、ずいぶん前から用意をととのえて、VIPが搭乗されるのをお待ちしている。ところがVIPご本人のほうは、当地での受けがよく歓迎が盛り上がるほど、向こうのVIPに引き止められてしまい、なかなか戻ってこれないということになる。

サミットが終わって、海部《かいふ》首相がロンドンからローマに向かわれるときのことだ。そのフライトは私が操縦を担当することになっていた。

出発予定時刻まであと一時間をきり、準備は完了して、ご搭乗を待つだけとなった。見送りの人々もステップのまわりを埋めて、首相の到着を待っているところへ、意外な連絡が入ってきた。「海部首相とサッチャー首相が意気投合して、宴会会場の宮殿でまだ話し込んでいる」というのだ。

私たちとしては、出発が遅れれば、ローマに着くのも遅れ、向こうの関係者を待たせることになると思うから、気が気ではない。早く来てくれないかなあと、はらはらしながら待っている。

しばらくして、「まだですか」と通信で問い合わせると、「宮殿は出たが、まだ来る途中のようだ」とのこと。

そうこうするうちに、空港の管制のほうでは、あらかじめ何時何分に出発するという予定が決まっているから、その時刻に合わせて、離着陸する飛行機を止めだした。来る飛行機がみんな上空を旋回して待っているが、まだ海部首相は現れない。待っている飛行機の大半はヨーロッパ内を飛んでいる小型の飛行機だから、そんなに燃料をたくさん積んでいるはずはない。待たせるといっても、おのずと限界がある。

ようやく海部首相の一行が現れたが、ほっとしかけたのも束の間、なんと見送りにきた人たちと交わす挨拶がえんえんと、まだ飛行機の搭乗口の手前でつづいているのが見える。

そのうちに、やはり危惧したように、上空で待たされている飛行機から、着陸の要求が出てきた。管制からは私たちに、「いったいいつ出るのか」と聞いてくる。「もう少し」とか「あと五分くらい」とか適当に答えるのだが、実際のところは、私たちにもわからない。海部首相に名残を惜しむロンドンの人々の気持ちもわかるが、ローマの人たちの気持ちもと、一刻も早いご搭乗を祈るばかりである。

やっと海部首相が座席につかれ、ドアが閉まった。ところが、それとほとんど同時に、ついに管制がしびれをきらして、着陸機をどんどん降ろしはじめてしまったのだ。かなり空で待たせてあったので、そのあいだに来た飛行機が、ぜんぶ上空にたまってしまっている。おそらく十数機くらいにはなっていただろう。それがいっせいに降りてくるのだから、きりがない。

おまけに、都合の悪いことに、私たちの飛行機を止めてあったのが、先に述べたように、通常とは異なる奥まった場所で、そこから離陸の出発点に行くためには、いったん滑走路を横切って、その向こう側をぐるっとまわっていく必要があった。どんどん飛行機が降りてくるから、滑走路を横切ることができない。

そんなこんなで、結局、実際にロンドンのヒースロー空港をやっと離陸できたのは、当初の出発予定時刻よりも四十分近く遅れてしまっていた。

スピード違反ぎりぎりでアルプス越え

目的地のローマでは、すでに海部《かいふ》首相の歓迎式典の準備をととのえて待っている。

イギリスはイタリアを軽く見ているんじゃないのか、こちらの身にもなってくれと、文句の一つも言いたくはなるが、とにかくここは思いきりやるよりほかはない立場となった。定刻どおりに着くのが私たちの使命だから、遅れをとりもどさねばならないのだ。

といっても、ロンドンからローマは、そう長い距離ではないから、いくら高速で突っ走ったとしても、短縮できる時間には限りがある。定刻に着くのはもう、いくらなんでも不可能だ。問題は、いかに遅れを少なくできるかである。

ローマでは、チャンピーノという軍用飛行場に降りることになっていた。チャンピーノに早く着かねばと思いながら、ヒースロー空港を飛び立ち、ローマに向かっていった。

ロンドンからローマに飛ぶ場合であれば、通常ならば三万フィート以上の高度を選んで飛ぶはずである。

だが、このとき私は、対地速度を最大にするために、二万五千フィートくらいの高度をとった。というのは、低空であればあるほど高速度が出せるのだ。ただし、途中にアルプス山脈があるので、あまり低高度にもできない。とにかく、できるかぎりの低空飛行である。

速度も、最大巡航速度ぎりぎりで飛ぶことにした。もちろん管制機関には、その旨を通報してある。

この速度は常に一定というものではなく、高度や飛行機の状態に応じて、どんどん変わっていく。コックピットの速度メーターには、現在の速度を示す針とは別に、もう一つ赤い針があって、これが最大飛行速度を示している。

飛行機のコンピュータがさまざまな条件を加味して計算し、これ以上の速度を出すと危険という限界を教えてくれているわけだ。もしそれを超えれば、コンピュータのチェック機能が働いて、ガタガタガタガタッとバイブレーションを発生させてパイロットに速度超過を警告する装置がついている。

ちなみに法律的には空の上では、離陸時や着陸時をのぞいて、制限速度というのはとくに定められていない。パトカーが見張っているわけでもない。だが実質的には、この速度メーターの示す値が、その時点での制限速度ということになるわけである。

幸いにも、フランスに中心をもつ大きな高気圧があったので、航路の大部分は揺れないだろうと思った。現在の飛行高度の様子を見つつ、予定の通常巡航速度からだんだんと加速していく。この調子ならなんとかいけそうだ。といっても、いつでも減速できる用意は怠らない。

速度メーターを見ながら、メーターが示す最大巡航速度をほんのわずか下まわる速度を維持しながら飛んでいく。

上昇気流に入れば、高度を一定に保とうとして飛行機の機首が下がるので、それだけで速度が上がり、簡単に最大巡航速度をオーバーしてしまう危険があり、気を抜くことはできない。

操縦している私にとって、ここが腕の見せどころである。通常のフライトでは、こんな操縦は絶対にできない。やってはならない。

ひとつ揺れたら、客室にいる人たちがどうなるかわからない。揺れがあるかないか、外の状況と風や温度などから懸命に予測をつづけた。外見上は平静を装ってはいるが、操縦ホイールにかけた左の掌に全感覚を集中している。

二階席は空いているので、運航の全乗員が、コックピットとその周辺に詰めている。冗談など言い合ってはいるが、彼らの目は前方の様子と速度計の針にそそがれているのがわかる。その針は、最大巡航速度の赤針のわずかに下でぴくりとも動かない。

実に静穏な気流の中で、VIP機はどんどん進んでいく。まるで私の気持ちが乗り移ったかのようである。

日没から数時間たったくらいの時間帯だった。東の空には、ほぼ満月に近い月が出て、その月明かりでアルプスの峰々が、青く、黒く、また白く、ほのかに照らし出されている。

まわりの機長や航空機関士たちが、窓から下をのぞいては、「綺麗だねー」と、しきりに感心している。

モンブランも見える。マッターホルンも月光の中に聳え立っている。

アルプスを越えることは何度もあったけれど、これほど低い高度で越えるのは初めてだ。白銀の山肌が、すぐ間近に見える。実に美しい景色であり、それを見下ろす気分は爽快だが、それがすーっと後ろへ消えていく。かなりの速度で飛んでいるのが実感できる。

こうして、やがてイタリアの上空に入った。このあたりまでくると、高気圧の縁になるはずだが、揺れもなく、機は高速でぐんぐんとチャンピーノ空港に近づいていく。

通常なら手前のほうから少しずつスピードを落としていくのだが、急いでいるから、ここでも普段はあまりやらない方法を使わせてもらうことにした。

減速しないまま、降下角に乗って、空港の直前まですっ飛ばし、つんのめる直前で出力を全閉の状態にして、赤針ぎりぎりから減速をはじめ、それにともなって抵抗フラップを下げていく。フラップ1、フラップ5、フラップ10。もっと抵抗がほしいので、着陸用車輪をここで出す。フラップ20、フラップ30。

ちょうど進入速度に速度計が落ち着く。

滑走路はもう機首のすぐ前にきている。七千フィートちょっとの長さなので、接地点を外さないよう、やや浅めの引き起こしで車輪をつける。

逆噴射とブレーキで、地上を走行する際のタクシースピードまで速度を殺し、千フィート以上を残して誘導路に入った。

このような操縦をするには、テクニックもいるが、度胸もいる。

このフライトでの速度が、私のパイロット人生での最高記録ではないだろうか。短縮できたのは二十分くらい。それでも最初のスケジュールと比べると大遅刻ではあったが、私としては、やれるだけのことをやった。無事に地上滑走も終えて、指定された場所に飛行機を止めたときには、なんとか責任をはたしたという安堵感で、心底ほっとした。

飛んでいる最中には、なにしろ早くローマに着かなくてはというので、責任の重さと心配が先に立ち、とても操縦を楽しんでいるような余裕はなかったが、あとから振り返って、「俺の操縦するB747が月明かりに輝きながら、あのモンブランの山肌のわきをすり抜けて行ったのか」と思い、その様子を想像すると、なかなか感動ものである。

海部首相とサッチャー首相の長話のおかげで、機長の私は、思いがけず、実に貴重な経験をさせていただいたわけだ。

東南アジアＶＩＰフライト

そのつぎにやらせていただいたＶＩＰフライトが、天皇皇后両陛下の東南アジア諸国訪問である。

ちょうどそのころは、私が東南アジア線を飛んでいたときであった。

このときは、いろいろな都合で、ＤＣ-10とＢ７４７の二機に分かれて行くことになった。ＤＣ-10が一番機で、こちらのほうに天皇皇后両陛下が乗られる。Ｂ７４７は補助機で、一番機のあとにくっついて行くのだが、もし一番機のほうでなにかトラブルが起きた場合には、両陛下が補助機に移って来られる可能性もあるということで、その用意もととのえてある。一番機と同様にＶＩＰルームもしつらえ、両陛下用に用意された特製の機内食も積んでいくわけだ。

私は機種資格がＢ７４７だから、この補助機のほうである。ＶＩＰフライトとはいえ、とりあえずはＶＩＰご本人方が乗られているわけではないので、いくぶん気が楽である。

こちらの客席に乗っているのは、主に報道関係者が多い。報道関係の方々は、どちらかというと、補助機のほうに乗りたがる。なぜなら、一番機のほうに乗ってしまうと、目的地に着いた際に、VIPが先に降りるのを待っていなくてはならないが、補助機なら気にせずどんどん先を争って降り、VIPが一番機から降りるところを記事にしたり撮影したりすることができるからである。

最初の目的地は、タイのバンコクであった。日本からタイへは、ちょうど秋口で台風が来ていた関係で、中国の南部を突っきって飛んで行った。私はそれまでにも北京や上海までは何度も飛んでいたが、上海より南の中国の空を飛ぶのは、このときが初めてだった。眼下の大陸の風景はさすがに広々として、飛んでいく気分も爽快である。

この迂回《うかい》作戦は成功で、台風の影響も受けず、順調な飛行で香港上空にさしかかった。ところが、あまりにも好調すぎて、バンコク到着が予定より早くなってしまいそうな状況となり、一番機がぐっと減速しだしたのである。

そこでDC-10より高速のジャンボは、大減速を強いられる恰好となった。しかし、補助機が一番機より先に着陸するなどということがあってはならない。メコン河を越えてタイ上空に入り、DC-10はしずしずとバンコクのドンムアン空港に進入していくが、ジャンボは空中待機というわけだ。一番機のあとから私たちの補助機が着いたのは、だいぶた

DC-10

ってからのことであった。

次の目的地のチェンマイへは、タイ国内の移動だから、相手国に敬意を表して、タイ航空の特別機が使われた。私たちはそのあいだバンコクで船からの観光などをして、天皇ご夫妻が次の訪問国であるマレーシアに出発される当日早くにチェンマイに向かった。

チェンマイは、街の西から北、東までを山にかこまれた美しいところである。近くの山の頂には、宮殿が見える。

チェンマイを発つときにコックピットの上から眺めていると、大勢の見送りの人々がいならぶ中を、タイ国王の宮殿から着かれた日本の天皇ご夫妻が、しずしずと歩いていらっしゃった。タイの民族衣装をまとった侍従がいっしょについてきて、巨大な日傘をさしかけている。両ご夫妻が立ち止まれば、侍従も立ち止まり、また歩き出せば、侍従も歩き出すというぐあいだ。なかなか東洋らしいおもしろい光景だなと思って眺めていた。

さまざまな衣装をまとった見送りの人たちのグループが長くつづいている。そのいちばん手前がタイの皇太子ご夫妻である。大きな日傘の影の中で、天皇ご夫妻が来られるのを、そちらを向いて待っておられた。

皇太子ご夫妻は、おそらくタイの慣習なのだろうが、地面にひざまずき、なにか話していらっしゃる。天皇さまと皇后さまも、腰をかがめながら聞き、それに答えてなにか話していらっしゃる。私たちはコックピットの中から窓ガラス越しに眺めているだけだから、話の中身まではわからない。ともあれ、通訳も介さず直接お話になっているのを、たいしたものだなと感心しながら見ていた。

両陛下が乗られ、一番機のＤＣ-10が先に出発すると、そのあとからタイ空軍の戦闘機が三機、すぐに飛び立って、追いかけていった。ノースロップのＦ５という護衛機である。

あとになってＤＣ-10の機長に聞いてみたところ、「いや、そんな戦闘機は見なかったよ」とのこと。多分DC-10の後ろについていったので、パイロットからはなかなか見えにくかったのだろう。

私たちのB747も少し遅れてチェンマイを発ち、クアラルンプールへ向かった。クアラルンプールは、私たちには行きなれたところだから、お手のもの。余裕しゃくしゃくである。

だが、クアラルンプールを発つときになって、前回と同じハプニングが起きた。おそらく歓迎のパーティーが盛り上がりすぎてしまったのか、天皇ご夫妻が空港に到着するのが大幅に遅れてしまったのだ。

DC-10の機長はどうするのだろうと思っていたら、私が前にやったのと同様に、低空飛行ですっ飛んで行った。やはり人間というもの、考えることは同じのようである。

天皇陛下の機内食

行った先は、前の章でも出てきたジャカルタのハリム空港。

ここに着陸する際は、いささか手こずった。先に行った一番機のDC-10が、地上滑走の時間を短縮しようとして、あえて追い風を受ける方向から滑走路に入って行った。

そこで後続のB747を操縦する私も、それを聞いて、同じ方向から着陸しようとしたのだが、予想していた以上に追い風が強く、しかも風速が速くなったり遅くなったり不意に向きが変わったりするような、不安定な気流の状態であった。そのため、飛行機の進入速度がなかなか定まらない。

ちなみに、客席で聞こえるエンジン音が大きくなったり小さくなったりしているときは、注意されたほうがよい。こんなときは、気流が不安定で下手な着陸となる場合が多いからだ。逆に、エンジン音が一定に聞こえている日は、ゆったり安心していても大丈夫である。

この日は要注意のほうで、常にエンジン出力を増減しコントロールしている必要があった。客室の乗員たちも、気がついて用心していたらしい。そして、機の姿勢の把握が十分でない瞬間にドシンと着陸してしまったのだ。その衝撃で、お客さま用の酸素マスクが十数個天井から垂れ下がってしまったというから、これは私の着陸のなかでも、下から何番目という不出来なものであった。

あとで一番機の機長に「どうでした」と聞いてみたところ、あちらもほぼ同様の着陸になってしまったとのことだった。

あれほど気流が乱れているのであれば、安全策をとって、やはり向かい風で降りたほうが無難だったのだろう。しかし地上の気流の状態がどうなのかは、上空からではなかなかわかりにくい面もある。急いでいた私たちとしては、いたしかたのないところであった。

さて、天皇ご夫妻の東南アジア訪問は、このジャカルタが最後。あとは日本に帰るだけとなった。

天皇ご夫妻を乗せた一番機ＤＣ-10がハリム空港から飛び立って行った。そして、私たちの補助機Ｂ７４７も、それにつづいて飛び立ったのである。

そして、その補助機の中で何が起きたか。

こんなところで暴露してしまっていいのか非常に迷うのであるが……。

補助機というのは、先に書いたように、一番機でなにかトラブルがあったときに備えて、くっついて飛んでいるわけだ。中にはＶＩＰ用の部屋がつくられ、ＶＩＰ用の特別機内食も用意されている。

飛行機は巡航に入り、これから先の天候や気流も安定しているようだ。このまま羽田に無事に着けることはまちがいない。

とすれば、これから一番機でなにかトラブルが起きて、VIPが補助機に移って来るということは、まず考えられない。

そこで乗員たちが目をつけたのが、VIP用の特別機内食である。予備に積んではきたものの、もう必要はない。ならば捨てるのももったいないから、みんなで食べようという話にあいなった。

スチュワーデスの一人が、小さく切り刻んだのを盆に載せて、コックピットに顔を出し、「みなさん、どれになさいますか」

私がもらったのは、ステーキの一切れであった。脂身の少ない肉で、非常にしっかりと焼いてあったのを覚えている。

こうしてコックピットのみんなで、「柔らかくて美味しいですねえ」とか「こういう料理を召し上がってらっしゃるのか」などと言いながら、少しずつ賞味させていただいたのである。

小さな一切れとはいえ、これもVIPフライトならではの余禄の一つであろう。

このようなVIPフライトも、数年前からは政府専用機なるものができて、航空自衛隊のほうが受け持つようになった。その際には、航空自衛隊のパイロットたちは国際線のフライトの経験がないということで、最初のうちは当社から派遣されたパイロットが、指導役として同乗したりしていた。

キャビンのサービス係も、航空自衛隊の女性の方たちが、勉強のため当社に来て、スチュワーデスから習ったりしていた。いまごろは、あの方たちが、もっぱら政府専用機で中心になって活躍していらっしゃることと思う。

したがって現在では、わが社でＶＩＰフライトを受け持つということも少なくなった。そうなる前に、三度のＶＩＰフライトを担当させていただいた私は、まことに幸運だったわけだ。

宮内庁をはじめ関係各位には深く感謝するとともに、機内食の件に関しては、どうか目をつむってお見逃しくださるよう、お願い申し上げるしだいである。

第六章

飛行機雲と煙草の煙

DC-10

飛行機雲に要注意

空中の乱流は飛行機にとって非常に恐いものだが、人工的につくられる乱流というものもある。飛んでいる飛行機自体が乱流をつくるのだ。翼が空気を切り裂くようにして進んで行くから、その後ろには風が渦を巻くことになる。しかし、その飛行機は飛んでしまったあとなので、影響を受けることはない。したがって被害をこうむるとしたら、そのあとを飛んでいる飛行機なのである。

小型機が大型機のすぐあとを飛んでいて、もしこの乱流に入ってしまったら、木の葉のようにもみくちゃになり、操縦不能の事態が引き起こされる危険もある。そこで、そんなことにならないよう、前の飛行機から何キロ以上は離れていないといけないという決まりがある。自動車の車間距離みたいなものだ。この距離は、飛行機の機種により異なっている。だからパイロットは、その決まりがどうなっているかということも熟知する必要がある。

また航空路の幅も、前後の航空機の間隔も、一つの基準によって決められている。しかし例外もあって、たとえばモスクワ線だと、ロシアの上空では、飛行機の通れる航路が幅二十キロと非常に狭く限定されている。同一航路を選択した飛行機が同じ一本の線の上を飛んで行くのである。

モスクワ線では、同じ高度を飛んでいる前の飛行機から四十キロ以上離れて飛ばねばならないという決まりになっている。四十キロというと、かなりの距離のように思うかもしれないが、実際にはたいへん近いものであって、機上レーダーで見ていて四十キロくらいまで接近して行き、コントレール（飛行機雲）に入ると、けっこう揺れる。前方に機体もちゃんと見える。空の上では、四十キロはたいした距離ではないのだ。揺らさないためには、風上側にちょっと外して飛ぶ必要がある。

もし前を飛んでいる飛行機の飛行機雲が見えれば、それによって気流の状態もわかる。まっすぐに一本の線になっていれば、気流が安定しているわけだから、こちらも安心して飛んで行ける。

逆に飛行機雲が大きくたなびいたり、ジグザグになっていたりするときは、強い風が吹いていたり、気流が乱れたりしているわけだから、要注意である。

ときによって飛行機雲ができたりできなかったりするわけは、周囲の大気のぐあいによる。飛行機雲というのは、ジェットエンジンから噴出されるジェット排気の分子が核になり、それに大気中の水の分子がくっついて霧状になってできる。したがって、大気中に水分が少なければ、飛行機雲はできない。

ちなみに、ジェットエンジンの燃料は、一種の灯油である。だが地上で使われている一般の灯油とは少々ちがいがあり、高価であるし、ジェット機は大食いでもある。これは私たちの仕事ではないけれど、いかに良質のジェット燃料を大量に安く確保するかは、各航空会社が頭を悩ませる問題となっているようだ。地球の環境が生物に対し厳しさを増している折りから、化石燃料消費の少ないきれいな排気の航空エンジンの開発が待たれる。

煙草の煙はどこへ行く？

機内の空気はどうなっているかを見てみよう。

いうまでもなく、外気の気圧は、上空に上がれば上がるほど低くなっていく。しかし機内の気圧は、ほぼ一定に保たねばならない。

缶詰のように密封してしまえば、とりあえずは気圧を一定にできるのだろうが、これでは、中でお客さま方や私たちが息を吸ったり吐いたりしているので、だんだん二酸化炭素が増えて酸素は減り、そのうち酸欠状態になってしまう。また、煙草を吸ったら、その煙が機内にとどこおって充満することにもなる。

そこでどうしているかというと、機体の前方に空気の採り入れ口があり、そこからつねに外の新鮮な空気が圧縮器を通して入ってきている。そして客室後方の下のほうには、空気の出ていく穴があり、そこから少しずつ空気を抜いていくようになっている。

この穴の開きぐあいを調節することによって、機内の気圧がコントロールされる。地上に止まっているときは、全開だから、外の空気とまったく同じ状態になる。上昇するにつれて、穴を閉ざしていくと、外から入ってくる圧縮空気が機内にたまるから、高度上昇にともなう気圧の減少にストップをかけることができる。

穴を完璧に閉ざしてしまうことはなく、つねにこうやって空気を循環させている。巡航時では、三分間くらいですべての空気が入れ換わるくらいだという。

こういうシステムだから、機内の換気は非常によい。ただ、機内にはいろいろな障害物があって、空気がまっすぐに流れているわけではない。煙草の煙も機内を流れて吸い出されていくので、喫煙される方は、なるべく近所のお客さま方の迷惑にならないよう、それなりの気配りをお願いしたい。

ともあれ吐き出された煙草の煙は、機内のあちこちを巡ったり拡散したりしつつ、最終的には後方の穴から外に抜けていくことになる。

空港で飛行機を下から注意深く眺めていただければ、胴体の後ろの下のところに、煙草のヤニでべっとりとなっている部分があるのに気がつくことだろう。ここが、その穴のあるところだ。お客さま方の吸われた煙草の煙は、みんなここを通って外に出ていくわけである。

嗅覚の鋭い方は、離陸の際に地上のタクシーウェイをゆっくり走行しているとき、誰も煙草を吸っているわけでもないのに、空気に妙な匂いが混じっているのを感じられるかもしれない。これは、前を走っている飛行機から出されるジェット排気のことが多い。

空の上とちがって、空港では先の飛行機がすぐ前を走っている場合がある。地上走行でもジェット機は、自動車のようにエンジンで車輪を回転させることはできないので、ジェットエンジンの噴出力で走っている。そのため、前の飛行機から出た排気が、後ろの飛行機の空気採り入れ口を直撃することがありうるわけだ。

そうならないように、パイロットはみんな前方を走る飛行機との間隔にはいつも十分な注意を払っている。空港ビルから眺めていると、離陸待ちの飛行機の列が同じような間隔で並んでいる。あれがまさにそうである。

成田では、国際線長距離便が多い。重い飛行機はかなり出力を上げないと動き出さない。ずっしりと重そうなジャンボの後ろについたときには、排気を嗅がないように、長めの間隔をとるのだ。

いったん空の上に舞い上がってしまえば、前述のように機内の空気はつねに入れ換わっているから、そんな匂いはすぐに消えてしまう。

ビールで冷房

つぎに、機内の温度の話をしよう。

気圧と同様、地球上の対流圏では、高く上がれば上がるほど気温が下がっていく。しかし飛行機の機内は、これも気圧と同様、気温をほぼ一定に保たねばならない。

となると、かなり強力な暖房装置が必要になる、と思うかもしれない。

これが大まちがいである。

空気というものは、圧縮すると、それだけでものすごい高温になるのだ。そのまま機内に入れたら、暑くてたまらない。それをいかに冷やすかのほうが、むしろ難しい問題なのである。

というと、「私は、このあいだ飛行機に乗ったときに、肌寒くて、スチュワーデスさんに毛布を貸してもらったくらいだけど、それはどういうわけなのか」という質問が出てくるかもしれない。

この点が、案外と微妙で難しい。

機内の温度は、前から後ろまで一様というわけではない。狭い機内に大勢のお客さまが乗っており、その体温だけでもそうとう暑くなるから、周辺の混みぐあいによって、気温にも高低ができてくるのである。

また、人間というのは、けっこう敏感なもので、ちょっとした気温のちがいでも、暑すぎると感じたり、寒すぎると感じたりする。しかもそれが人によって異なる。暑がりの人もいれば寒がりの人もいる。

したがって、いつも気温を一定にさえしておけばよいというものではない。ほぼ一定が望ましいが、完璧に一定でもいけないのである。

キャビンの気温を調節しているのは、コックピットからであり、私たちの三人乗りのジエット機では、航空機関士がこれを操作している。新しい二人乗りのジェット機の場合には、基本的にはコンピュータ制御で自動的に調節されるようになっている。そのため、前から後ろまで四ヵ所くらいに温度計がついていて、それがコックピットでわかるようになっているのだが、それでも一つ一つの座席までは目がとどかない。

飛行機が上昇して気流が安定してくると、食事のサービスがはじまる。お酒も出てくる。

そうすると、人間の体は、必然的に熱くなる。お客さま方から来る要求は、「暑い。もう少し涼しくしてくれ」というものが多くなる。

そこでこちらは強めに冷房をきかせるのだが、冷房能力には限界があり、ときによっては、「もう目いっぱいです」と航空機関士が悲鳴をあげることもある。

一方では、キャビンからは機内電話で、「お客さまが、もう少し涼しくしてほしいとおっしゃってますが」との連絡がくる。

こういうときには、奥の手の必殺技がある。私は受話器に向かってこう言うのだ。「冷たいものをお客さまにどんどんお出しして」

するとキャビンでは、スチュワーデスがせっせと往来し、注文もしていないのに、冷たいビールやジュースが何本も配られることとなる。

食事が終わり、キャビンで映画の上映がはじまったりするころには、温度もだいぶ下がってくる。お客さまからも「もう少し暖かく」という要望が来るようになる。これは、簡単だ。

ただ、寒さ暑さの感覚は人によって微妙に異なるから、すべてのお客さまにちょうどいいように、というぐあいにはなかなかいかない。そこで、寒いお客さまには毛布が余分に配られ、各自で調節していただくことになるわけである。

与圧トラブルの意外な原因

もちろん人間というものは空気がなくては生きていけないが、酸素が希薄になっただけでも、いろいろな障害をきたし、生きていけなくなる。人間がなんとか健全に呼吸して生きていけるのは、富士山のちょっと上くらいの高度までだという。

そこで、富士山の何倍もの高度を飛ぶジェット機では、前述したような与圧システムで、気圧がある程度以下には下がらないようにしてあるわけだ。

万が一、その与圧システムにトラブルが起きて急に機内の気圧が下がってしまったら、どうなるか。生命にかかわる大問題である。そこで、万が一のその事態に備えて、いろいろな対策が用意してある。

キャビンでは、飛行機に乗るたびに説明があるように、上から酸素マスクが降りてきて、お客さま方はそれを鼻と口にあてる。すると、吹き出てきた酸素によって、窒息したり低酸素症になったりせずにすむ。

ただし、この酸素は、あくまでも緊急事態に備えてジェット機に搭載されているもので、つぎからつぎへときりなく出てきてくれるわけではない。酸素ボトルが空になれば予備はない。

そこで、私たちパイロットはどうするかという話になるのだが、自分自身がまず酸素マスクをつけ、それからただちに急降下する。貯蔵してある酸素がきれるまでのあいだに、富士山くらいの高度まで降りるのである。

巡航時にそのような事態になった場合は、わずか一、二分のあいだに四、五千メートル以上降りるので、ほとんど墜落に匹敵するような急激な降下のしかたである。パイロットは、それを意識的にやらねばならない。

これは非常に重要な技術だから、私たちは地上のシミュレーターで何度も訓練を受けるし、定期技能審査でも、毎回かならず試験される。

キャビンの乗員たちも、そうなった場合の対応は、しょっちゅう訓練している。

私自身は、実際のフライトでは、酸素マスクが降りてくるような事態にまでなったことはないが、上昇していく途中で与圧システムが正常にはたらかなくなってしまった事件が一度あった。

私がB727で国内線を飛んでいたころ、千歳から羽田に向かって飛び立つときのことである。

そのとき千歳は猛烈な吹雪で、おまけに横風も強く、離陸時の制限オーバーという状況だった。様子を見て風が弱まってきたら飛ぶことにしようという話になり、とりあえず滑走路の端の近くまで行って待っていた。しばらくすると、いくぶん風がおさまってきたので、離陸の許可をもらって滑走路に入って行った。

飛行機の機体は横面積の大きい形をしているので、強い風を受けると、なるべく抵抗を少なくするようにする力が自動的にはたらき、だんだんと風を真正面あるいは真後ろの方向から受けるような向きに姿勢がずれていく傾向がある。このときも、そういう状態だったのだが、なんとか姿勢をたてなおして、風に流されないように注意しながら滑走に入り、どうにかうまく離陸することはできた。

ところが、上昇していく途中で、航空機関士が、「キャプテン、キャビン・プレッシャーがかかりません」と言い出した。キャビン・プレッシャーがかからない、とは、与圧システムがうまく作動してくれないという意味である。通常は放っておいても自動で調節されるはずなのだが、それが効いてくれないというのである。

「ちょっと手動でやってみて」と私が言うと、航空機関士は、「わかりました」と答えて、悪戦苦闘している。

「どうだ。かかるか」と聞くと、「少しだけならかかる」とのことだ。

「どのくらいだったら大丈夫そうだい」とたずねた。きちんと与圧システムが作動していれば、三万フィート以上まで平気で上昇して巡航に入るのだが、少ししか作動してくれないとなると、上がれる高度には限界がある。そこで、どれくらいの高さまでなら上昇できるかを聞いたわけである。

すると、「二万フィートくらいまででしょう」と言う。

「じゃあ、しょうがないから、それで行くよ、東京まで」

二万フィートというのは、非常に低い高度だから、前述したように燃料の消費が激しくなる。だが、積んでいた燃料の量なら、それでも東京までは十分もつという計算だった。そこで、二万フィートまで上がったところで、上昇はあきらめ、その高度でずっと飛んで行った。

日本航空専用の会社周波数の通信で連絡しておいたから、羽田に着くと、整備士たちが何人も待っていた。

駐機場に飛行機を止めてコックピットで飛行後の点検作業をしていると、地上からインターホンで言ってきた。「空気の採り入れ口が雪でいっぱいですよ」

どうやら千歳《ちとせ》の滑走路わきで待っているあいだに、激しい横風の吹雪だったから、空気の採り入れ口の中にまで雪が積もり、ふさいでしまったようだ。それでは圧縮機を通って空気が入ってこれないから、与圧システムが十分作動してくれないのも当然であろう。

整備士たちが棒をつっこんで雪をかき出すと、キャビン与圧システムは元通りになった。

酸欠ボケの快感

気圧が抜けたときの緊急降下訓練は何度もやっているが、通常は地上のシミュレーターを使ってやるから、実際に空気がなくなるわけではない。たとえば定期技能審査では、後ろで査察操縦士が与圧装置故障の状況をつくり、それを合図に空気が抜けたものとの想定をし、その後の対応を乗員三人がおこなう。

そういう仮想の訓練は私も何度も受けていたのだが、あるとき会社から派遣されて、松島にある航空自衛隊に行き、本当に空気がなくなる訓練を受ける機会があった。自衛隊には、そのような訓練施設が設けられているのである。

実験室は、完全に密閉された部屋で、その隣には外気とつながった部屋があり、窓を通して中の様子を見ることができるようになっている。実験室の隅には蓋のついた小さな穴があり、そこからどんどん中の空気を抜き出すことによって、減圧していくのである。

その実験室の中で、二種類の訓練を受けた。

一つは、ゆっくりと気圧が抜けていく場合である。

私たちは、実験室の中の椅子にすわり、その前には酸素マスクをつけたアシスタントが一対一で全員についている。そして、徐々に部屋の中の空気を抜いていく。

「いま高度一万フィートに相当する気圧です」といった説明があり、紙に書かれた簡単な足し算引き算をどんどんやっていく。そのあいだにも、気圧はどんどん下がっていく。自分ではいつもの通りに答えを書いていっているつもりである。

ところが、実はしだいに頭の回転が鈍くなり、字を書くスピードは遅くなり、書いた字はゆがんできている。そのことに自分では気がつかないのだ。

その私の様子を前のアシスタントが見ていて、危ないと思ったら、ぱっと酸素マスクをつけてくれる。そこで私はわれにかえり、自分が書いた文字が支離滅裂にゆがんでいるのを見て、自分が危険な状態に近づいていたことに気づくわけだ。

もう一つは、急激な減圧である。

実験室内の空気を、一気に抜いてしまう。どういうわけか周囲が一面にぱっと白くなる。そして体の中の臓器が口から吸い出されるような強烈な不快感がある。

実はそのとき私は軽い鼻風邪をひいていたのだが、そのとたんに鼻孔から鼻汁がぶわっと吹き出してきた。おかげで航空自衛隊から借用したヘルメットを汚してしまい、申し訳ないことをしてしまった。

それはともかく、人間というのは、水の中にもぐっていてもしばらくは泳いでいられるように、体内にある程度の酸素は蓄えられているから、急に空気がなくなっても、数十秒は意識がちゃんとある。周囲を眺める余裕もあるし、隣室の窓からこちらをのぞいている人たちの顔をうかがう余裕もある。

その状態の中で、先に述べたような対応をとり、酸素マスクをつけて急降下に入るわけだが、落ち着いて、定められた手順にしたがって、自分が酸素マスクをつけ、しかるべき操作をおこなっていけば、なにも問題はない。あわてさえしなければ、なんとかなる。

むしろ恐いのは、前述のゆっくりとした減圧である。しだいに自分の意識がボケてきているのに、そのことに自分で気がつかない。自分では正常のつもりでいる。そのほうが危険だという気がした。

かつて私は、教官をしていたころに、仲間の教官といっしょに訓練機に乗り、どんどん上昇して行ったことがある。小さな双発のプロペラ機で、むろん与圧システムなど備えてはいないから、気圧は外気と同じである。まだ若いときで、体力にも自信があり、冒険心も手伝って、「どこまで行けるか、行ってみよう」という話になったのである。

じわりじわりと上昇して行き、富士山のちょっと上くらいの高度でエンジン出力の限界になったのだが、乗っている自分のほうは、そのあたりまで来ると、なんとなく気持ちがよくなってきていた。飛行機で上がって行くときは多少の不安感があったのだが、それすらきれいになくなってしまっていた。頭は朦朧《もうろう》としていたのだろう。しかし、不快感はまったくない。むしろ快感といっていいくらいだ。

けれども、降りてきてから、非常に危険だと思った。

酒と同じで、気持ちよくなると、恐い。恐いという意識がなくなるのが恐い。

それに比べれば、もしも高い上空で、突然、気圧が抜けるという事故があったとしても、そう恐がることはない。落ち着いて定められた手順どおりに対応しさえすれば、大丈夫。私たちパイロットも、お客さま方も、無事に地上に帰って来られる。

航空自衛隊で減圧実験をさせていただいたおかげで、その自信をもつことができたのは、大きな収穫だった。

第七章

名キャプテンの腕と精進

天狗の鼻をへし折られた副操縦士

副操縦士になって、三、四年めくらいのときのことだ。そのころの私は、機長資格の試験を受けるのはまだまだ先だったが、副操縦士としての操縦経験はいささか積んで、いまから振り返ってみると、少々天狗になっている面があったようだ。

お恥ずかしい話だが、右席にすわって左席の機長が操縦するのを横目で見ながら、「この程度の操縦なら俺でもできる」とか、「ここで機長が倒れたって、俺一人で充分みごとに操縦してみせる」などと、不遜《ふそん》なことを考えたりすることもあった。

いまでは、そんなふうに天狗になるのは、パイロットとしていちばん危険なことなのだということがよくわかるが、当時は若気のいたりであった。

季節は春のはじめころだったと思うが、例によってDC‐8でホノルルから東京に飛んできて、木更津《きさらづ》の方角から羽田に接近しつつあった。操縦しているのは、左席のF機長である。

事前に報告を受けている天気予報では、羽田の近くを前線が通っているとのことだったが、ほんの少し雲がある程度で視界はまあまあ。上空から空港がきれいに見える。上空も北風、地上も北風。着陸は向かい風を受けて降りるのが原則だから、定石《じょうせき》どおりに南から北に向かって降りて行けば、なんの問題もない。

空港の管制から通信が入り、滑走路の指定をしてきた。やはり予想どおりの北向き滑走路である。

私は、もうこの着陸はいただきだなと思い、安心しきっていた。

どんどん飛行機は滑走路に向かって降下していく。

高度三百フィートあたりまで下がったところで、機体がほんの少しガタガタと揺れた。そのときである、操縦していたF機長が、「あれ、風が変わったぞ」と短くつぶやいた。そして即座に「ゴーアラウンド（着陸復行）」と告げて、エンジン出力を上げ、上昇に転じた。

隣で見ている私は、なにがなんだかわからない。管制からの指示も、気象条件もなんの問題もないのに、なぜF機長が着陸を中止したのか、さっぱり見当がつかなかった。

着陸復行した場合の手順は決まっている。他の飛行機の邪魔にならないように、ぐるりと大まわりをして、再び木更津の向こう側に出る。意外なことに、F機長は、予定を変更して反対側から羽田に降りることにすると告げる。そう言っているあいだに、空港の管制からも連絡が来て、滑走路を変更するという。

ここにいたって、ようやく私にも事態が飲み込めた。

そのとき羽田のそばには前線が接近していたのだ。前線とは、二つの気団が接している線である。いや、天気図でいえば線だが、三次元的に見れば、二つの気団が接している面ということになる。

一方には、北から来ている冷たい気団。その中では北よりの風が吹いている。もう一方には、南から来ている暖かい気団。こちらでは南よりの風が吹いている。その両者が接している前線の面は、垂直とはかぎらず、たいてい傾いているものだ。下のほうは北の気団で、上のほうは南の気団の温暖前線だ。そして、この前線は動いている。実は、私たちの飛行機が降下しつつあったとき、このような前線が南西から北東に移動してきて、まさに羽田空港の上を通過するところだったのである。

羽田の風向きが北風から南風に変わる、その瞬間を、ほんのわずかな機体の揺れと、滑走路への接近する速さが増加したことで、F機長は察知し、即座に着陸中止の決断を下し、着陸復行に入ったわけだ。もし着陸を中止せずにそのまま滑走路に進入をつづけていたら、南からの追い風をそのまま受けることとなり、たいへん難しい着陸になっていたことだろう。

おそらくF機長は、降りて行く途中の段階で、風向きが変わるかもしれないという可能性をも十分に考慮していたのだろう。だからこそ、ちょっとした機体の揺れに即座に反応できたのであろう。羽田付近を前線が通っているという情報は、事前に伝えられていたのだから、その可能性は確かにあった。

これは、私があとから考えたことである。そのときの私には、そこまではわからなかった。

F機長は非常に優秀なパイロットであったと思う。着陸復行に移ってからも、なにごともなかったかのように、顔色一つ変えない。悠然たるものである。

一方の私は、なにも言いはしなかったけれど、心の中で「負けた」とつぶやいていた。天狗の鼻をみごとにへし折られてしまったのである。自分はパイロットとしてまだまだ未熟だということを思いしらされた。

そして機長というのは、さすがにたいしたものだと思った。羽田空港に着陸するという一つの仕事の中に、重要な事柄がたくさん潜んでいることを、F機長は無言で私に示してくれたのだ。

天候やその他の条件が万事なにごともなく平穏であれば、副操縦士でもみごとに着陸を決めることはできる。そんなときに、当時の私のように未熟なパイロットは、自分の操縦技術を過信し、有頂天になり、天狗になってしまったりする。

しかし、それはあさはかというものだ。本当の実力は、いざというときに発揮される。そのいざというときに対処しきれないようでは、機長とはいえないのだ。

空の上では何が起きるかわからない。何が起きても、機長は対処できなくてはならない。副操縦士は機長の指示を仰げばいいけれど、機長にアドバイスしてくれる人は誰もいないかもしれない。それだけの力量を機長は備えていなくてはならない。見せびらかす必要はないけれど、いざというときには発揮できるようでなければならない。

副操縦士として三、四年飛んだ時点での私の実力は、その程度のものにすぎなかったわけだ。

パイロット志願

実は、私は、最初からずっと民間航空のパイロットの道を歩んできたわけではなく、途中で一度、航空自衛隊に入るという寄り道をした。

高校時代に、パイロットになりたいという気持ちがつのり、いろいろ調べてみると、航空自衛隊にパイロットを養成する「操縦学生」という制度があり、それだと高卒でも受験可能だということがわかった。そこで、とにかく早くパイロットになりたいという一心で、その試験を受けたところ、幸運にも受かってしまった。

ところが、入ってから、後悔した。パイロットになれるのはいいけれど、どうも自衛隊の雰囲気になじめないのだ。質実剛健で「俺たちが日本を守るんだ」というようなタイプの気合の入った人が多いなかで、私は肌合いがちがっていた。これでは、とてもついていけないと思った。

といっても、「俺は飛行機乗りになるんだ」と家族や友人に宣言して故郷を出てきた手前、そう簡単におめおめと引き返すわけにはいかない。半年だけはなんとか我慢し、そのあいだにいろいろ他の手はないものかと調べているうちに、民間のパイロットを養成する航空大学校というのがあり、そちらのほうは、一般の大学の教養課程を二年間修了すれば受験できるということがわかった。

そこで半年たったところで、やめるならこの時期と、思いきって、区隊長に「やめたい」と申し出たのである。航空大学校に入りなおしたいからと本当のことをいう勇気はなく、とりあえず「大学に行きたい」と言い訳し、なんとか納得してもらった。

そして残りの半年で必死になって大学の受験勉強をして、東京学芸大学に入学。これもパイロットになるための方便で、もともと卒業するつもりはない。とにかく二年間で必要な単位をとり、教養課程だけ修了し、航空大学校の試験を受けた。

この入学試験が、一般の学校の試験とはいっぷう変わっていて、おもしろいものだった。

たとえば、円の中に二本の直線が交差して描かれていて、その一方が水平線、もう一方は機体の翼であるとし、「飛行機はどちらに傾いているか」といった質問がある。

仮に水平線が左に傾いて描かれているとすると、本当は水平線が傾くなんてことはありえないから、実は飛行機のほうが右に傾いているわけである。そこで「右」と答える。いかに自己中心の発想を捨てて、自分を客観的に見られるかが問われるわけである。

もう一つは、機械を使うもので、ベルトがまわってきて、その上にいろいろな障害物があるのを、ハンドルで操作して、うまく避けていくというものだ。よくゲームセンターにある、自動車を運転するゲームみたいなものだ。

そのときは、パイロットになるのに、なぜこんな問題をやらされるのかと不思議に思ったが、あとから考えると、パイロットの適性を見るうえで、それなりに必要な試験だったのだということがわかってきた。

人によっては、一つの障害物があると、そこに目を奪われてしまい、もう一つの別の障害物にぶつけてしまう。そして何度かぶつけると、しだいに予測がおろそかになり、連鎖的にぶつけてしまうようになる。こういうタイプの人は、あまりパイロットには向かない。

一ヵ所を集中して見るのではなく、全体を総合的に見られる能力。そして、いくつか障害物にぶつけてしまっても、あきらめず粘りに粘って最後の最後までやり抜く辛抱強さ。こうした要素が、パイロットには求められるのだ。

そのあたりを考えに入れて設定された、的を射た試験だった気がする。

航空大学校での訓練は、小さなプロペラ機で受けた。

ここで誤解があるといけないので説明をつけ加えておくと、プロペラの推進力で飛ぶ飛行機には大別して二種類ある。

一つは昔からあるピストンエンジンを使ったもので、原理は自動車と同じ。ピストンの往復運動をクランクシャフトを介して回転運動に変える。回転するのが車輪かプロペラかというちがいがあるにすぎない。その昔、ライト兄弟が世界初の飛行に成功したときには、自動車のエンジンそのものを使っていたそうだ。このタイプの飛行機を、私たちは「レシプロ機」とよんでいる。

もう一つは、ジェットエンジンの噴出力でタービンをまわし、減速装置を介してプロペラをまわすものである。この方式は、「ターボプロップ」とよばれ、私が航空大学校に在学していたころから、少しずつ民間航空で使われだした。ピストンの往復運動がないので、レシプロ機と比べて非常に振動と騒音が少ないという利点がある。

私たちが訓練で使っていたのは、もちろん前者のレシプロ機のほうである。これには、いかにも空に浮かんでいるという実感があった。

航空大学校を卒業し、入社後の訓練もレシプロ機で受け、まず最初の勤務はレシプロ機のDC-6Bではじまった。

訓練で乗ったレシプロ機（ビーチクラフト機）

DC-6B

当時、DC-6Bはすでに国際線からは引退していたので、私は東京から大阪や福岡への往復といった国内の郵便機に乗ることが多かった。日中の時間帯は旅客機が飛んでいるから、もっぱら郵便専用機や深夜便に乗っていた。夜の十時とか十一時に羽田を出て、行った先で少し仮眠をとって、早朝の六時ごろに羽田に折り返すというようなパターンである。

飛行機には「ムーンライト号」というロマンチックな名前がついていたりしたが、やはり深夜は眠いし、仮眠時間もわずかでなかなか眠れず、けっこう辛い勤務だった。

しかし、仮眠室で整備士がエンジンを試運転する轟音を聞いていると、自分が本当に飛行機乗りとして現場で働いているのだなと実感することができた。その後、深夜便というもの自体が日本ではなくなってしまった。あの時代でなくてはできない貴重な経験をさせてもらったと思うと、感慨深い。

着陸で大失敗

せっかく乗りはじめたばかりのDC-6Bではあったが、時代の波にはさからえず、わずか半年で私自身もジェット機に移ることになり、訓練を受けて、DC-8の副操縦士となった。乗りはじめた当初は、ジェット機の性能のすごさに目を見はらされた。離陸時の上昇角が、DC-6Bでは三度くらいだったのが、DC-8は十度もの角度でぐんぐんと上昇して行く。しかも、エンジン音が機内ではレシプロ機に比べてほんのわずかしか聞こえない。レシプロ機とジェット機とでは、やはり快適さがぜんぜんちがうと実感した。

路線は、太平洋線である。東京からホノルルを経由して、サンフランシスコやロサンゼルスに飛んで行く。

当時は日本人の乗員がまだ不足ぎみだったこともあって、外国人の機長がたくさんいた。航空機関士にも外国人が多く、コックピットでは副操縦士の私だけが日本人である。運航にかかわる用語はわかるけれど、アメリカ人の世間話がすらすらわかるほどの英語の会話能力はまだない。彼らが英語で話しているのを聞いて、外を見ながら退屈していることも多かった。

しかし、この時代に外人機長たちから学んだことも多い。

日本人の機長だと、ある程度は副操縦士にまかせていても、肝心な部分は自分が押さえないと気がすまないところがある。ところが、外人機長のなかには、肝っ玉の太い人がいて、いったん副操縦士としての信頼を得れば、なにからなにまでぜんぶまかせてくれたりするのだ。

だが、こんなこともあった。ある外人機長といっしょにサンフランシスコからホノルルに飛んだときのことである。

その機長は、教官もやっている優秀なパイロットで、日本びいきでもあった。

当時、日本からサンフランシスコに往復する場合は常にホノルルを経由して行くから、同じ機長と副操縦士の組み合わせで、日本からホノルル、ホノルルからサンフランシスコ、そして帰りにサンフランシスコからホノルル、ホノルルから日本と、合計四回のフライトがあることになる。たいていの機長が、そのうちの一回くらいは副操縦士にやらせてくれたものだ。

そのときは、往路のホノルルからサンフランシスコまでのフライトを私がやらせてもらい、それがうまくいったので、機長は私をすっかり信用してくれていた。そこで、復路のサンフランシスコからホノルルのフライトも私にやらせてくれることになった。

私は往路のフライトが思いどおりにいって、意欲満々である。彼のほうでも、私を全面的に信頼してくれているようだ。ふつうなら、副操縦士にまかせていても、いちおう機長も足を足元の方向舵ペダルに、なかには手を操縦ホイールに置いている人もいたものだが、そのときは手放し、足放しでぜんぶまかせてくれていた。その日は天候もきわめて良好で問題なし。余裕しゃくしゃくで悠々と北太平洋を越えて、ホノルルに近づいてきた。遠くからホノルルの空港がはっきりと見える。風も乱れてはいない。われながら感心するほどの安定した飛行である。着陸に向けての減速もスムーズにいき、滑走路を真正面に見据える。高度もちょうどいい。ここまでくれば、あとは誰がやっても成功はまちがいなしという安定ぶりである。

通常どおりに降下して滑走路上に来て、あとは最後の接地を決めるだけだ。

ところが、そこで思いがけないことが起こった。接地寸前の機首上げをしようとして、操縦ホイールを手前に引いたつもりだったのだが、ちっとも機首が上がってくれないのだ。機長も、おやっと気がつきはしただろう。だが、それまで安心しきっていただけに、自分で手を出す間がなかった。

私はあわててもう一度操縦ホイールを引いたが、それでも機首は上がらない。そして、そのままドシンと滑走路に接地した。けっこうな衝撃である。そのとたんに、外人機長が、「キャッ」と言った。よほどびっくりしたのだろう。外国人とはいえ、男が「キャッ」

と言うのを聞いたのは、このときが最初で最後である。

機体は一度地面でバウンドして接地したが、すぐには体勢をたてなおせず、減速も地上滑走もなかなか滑らかにいかない。蛇行するわ、機首はおじぎするわのまずい結果となってしまった。

びっくりしたのは私も同様である。接地の衝撃をもしのぐほどに、心の衝撃は激しかった。あれだけ信用してくれていた外人機長の期待を裏切ってしまったのだ。そして、成功確実な着陸なのに大失敗をしてしまった。自尊心は傷つき、恥ずかしさでいっぱいである。飛行機が地上滑走をしているあいだ、私は心の中で、後悔するとともに、なぜこんなことになってしまったのか、一生懸命に考えていた。

外人機長は私を思いやってくれたのか、別に私を叱るわけでもなく、何も言いはしなかった。乗っているお客さま方もさぞかし驚いたことだろう。そして、お客さま方は、実は副操縦士の私が操縦しているとは知らないから、機長の操縦が下手だったのだろうと考えているかもしれない。そう思うと、非常に気の毒であった。自分を信頼してくれた外人機長に対して、心底から非常に悪いことをしたと思った。

空港からの乗員用のバスの中でも、私はいちばん隅の席で小さくなって、うなだれていた。

原因は何だったのだろう。そのときは、いくら考えても、わからなかった。

その理由がわかったのは、それから何年もたって、自分が教官をする立場になってからのことだ。教官として、訓練生が操縦ホイールを動かしているのを横から見ていると、本人は操縦ホイールを引いているつもりなのだが、実際はそうならず、自分の上半身を前に傾けてしまっているという場合があるのだ。

「引いて、引いて」と注意すると、ますます自分の体が前倒しになっていく。自分の姿勢に気がついていない。そこで、「肩、肩」と注意すると、ようやく自分の背中が背もたれから浮いていることに気づき、きちんとすわりなおす。

ちゃんと肩を背もたれにぴったりつけていさえすれば、そんなことには絶対にならない。実はそのためにもショルダーハーネスという肩バンドをつけているのだが、それでも、がんじがらめにきつく結わえてあるわけではないから、うっかりすると、背中が浮いてしまうことがある。概して体調が思わしくないときとか、集中力に欠けているときに、前かがみになりがちである。

前にも述べたように、パイロットは常に全体を視野におさめていなくてはならないのだが、それを忘れて、一点だけに心を奪われ、前に前に姿勢が傾いていってしまう。そうならないよう、自分で心して、常に背中はぴったりと背もたれにつけているよう注意しなければならない。

あとから考えてみると、あのときの私の失敗の原因も、ここにあったのではないかと思う。まだ若いころで、体調は万全だったし、気力も充実していたけれど、それまでの飛行があまりにも順調だったので、心の隙があったのかもしれない。それでつい、操縦ホイールをあまりにも軽く握りすぎ、引いているつもりで実は自分の体を前に倒しているだけ、という失敗をやらかしてしまったものと思える。

こういう事件もあるので、機長というものは、いくら副操縦士が有能で信頼できる人物だと思ったとしても、フライトをまかせきりにして、自分は気を抜くというわけにはいかないのである。

教官の心労でニコチン中毒

このような、私の修行時代ともいうべき、副操縦士としての勤務を経て、晴れて機長となった。

一九七一年の二月、三十一歳のときのことである。B727で機長としての初フライトをおこなったのだが、そのときの晴れがましく高揚した気分は、いまでも忘れられない。

他人の指示や命令で行動するのとちがって、一台の飛行機を動かすという裁量が自分にある。その解放感。そして、すべての責任が自分にのしかかってくるという、責任感の重さ。それをひしひしと感じる。その重さは、副操縦士として乗っていたときとは比べものにはならないほどだ。

機長でありながら、あえて副操縦士に操縦をまかせる辛さも初めてわかった。

機長というのは、自分が楽をしたいために副操縦士に操縦させるのではない。副操縦士に操縦の経験を与え、優秀なパイロットに育てるために、あえて操縦をまかせるのである。そうでなければ、他人の操縦を横で見ているよりも、自分で操縦したほうがはるかに精神的には楽なのである。

副操縦士時代の私は、そんなことも知らずに、生意気なことを言っていたわけだ。そのことに遅まきながら気づかされたのであった。

それ以降、機種はB727からDC-8に変わった。このころのフライトの思い出は、これまでの章で、いろいろ書いてきた。

この時期には、短距離の国内線のフライトを数多くこなしたこともあって、操縦技術はかなり上達したと思う。DC-8に関しては、どうにでも自分の思いどおりに動かせる。また、何が起きても大丈夫と自負するほどになってきた。

そのおかげで、つぎには教官に任用されたのだが、自信をもって教官業務につくことができた。しかし、いつも教官ばかりやっているわけではなく、たまには通常の路線フライトもやる。

DC-8の訓練にもいろいろある。DC-8のセカンド・オフィサーからファースト・オフィサー（副操縦士）に昇格するための訓練や、他の機種の機長がDC-8の機長になるための訓練、まれには外国航空会社の乗員の訓練もあった。地上での学習、次いでシミュレーターでの飛行訓練、実際の飛行機を使っての飛行訓練をおこない、最後に試験を受けるのである。

実機での飛行訓練に適した空港が国内ではなかなか得られず、とうとうアメリカはワシントン州のモーゼスレイクという、シアトルから東に約三百キロ行った盆地にある小さな町の空港に訓練所を開設していた。

ここは、かつてB52の爆撃機基地のあったところで、非常に広くて長い滑走路がある。

これだけの滑走路があれば、訓練生がどんな下手な操縦をしても、最後に教官が手を出して修正し安全に着陸できる。というわけで、そこを訓練用に借りていたわけだ。

自信をもってとりかかったのはいいが、実際に飛行訓練をやってみて、教官というのは実に恐ろしい仕事であるということがわかってきた。

訓練生は初めてDC-8を操縦するわけだから、その操縦法や感覚がまだ身についてはいない。だが操縦をとりあげてしまったのでは練習にならないから、自分で操縦させねばならない。

必死で操縦してはいるけれど、しょっちゅう左右に傾いたり、高度が上下したりする。また速度が増したり減じたり、滑走路からはみ出しそうになったりもする。それを脇で見ていて、危なくなったら、ぱっと手を出して、体勢をたてなおし、正常な状態に戻してから、また訓練生に渡す。

私が手を出したときには、すでに飛行機はバランスがくずれた状態にあるわけだから、たてなおすのも容易ではない。一所懸命である。

だいたい初めて飛行機を操縦するときは、だれでも余計なところに力が入っているものだ。飛行機は自分で安定しようとする性質をもっているから、ある程度はそれにまかせ、余計な力を加えないほうがいいのだが、初心者にはそれがわからないから、まるで握りつぶさんばかりに力をこめて操縦ホイールを握っている。そうすると、かえって飛行機が傾いてしまったりする。

そこで私が注意する。「手を放せ」

訓練生ははっとして、手の力を抜く。すると、そのとたんに飛行機はすっと水平に戻る。

「わかったかい。そうやって自分でバランスをくずしているんだよ」

「はい、わかりました」

というようなぐあいだ。しかし、訓練生がそうなるのも無理はない。自転車に乗ったり自動車を運転するのと同じで、やはり慣れという要素がどうしても不可欠なのだ。慣れるためには、経験を積むしかない。

この経験の積み重ねを、私たちはよく「鞍数《くらかず》」という言葉で表現する。パイロットはみな鞍数をこなして一人前になっていくのである。そして、一人前になるまでのあいだは、教官がいっしょについていなくてはならない。赤ん坊を育てるのと同じである。

訓練生も緊張するだろうが、それを横で見ているのは、もっと緊張する。もともと私は低血圧ぎみなのだが、このときばかりは相当血圧が上がっていたのではないだろうか。六、七分くらいのあいだに、離陸して、上昇、水平、降下とぐるりと飛び、着陸して元の滑走路に戻ってくる。それを一人の訓練生が十五回くらい繰り返す。私の受け持ちの訓練生が二人いるから、合計三十回。

あまりの緊張で、日頃は煙草を吸わなかった私も、このときは緊張をほぐすために、吸わずにはいられなかった。

といっても、目が離せないから、吸っている暇がほとんどない。吸えるとしたら、水平飛行をしている際のほんの一分たらずのあいだだけである。ここでは、訓練生がどんなヘマをやっても、あまり危険な状態にはならないし、周囲の様子を確かめるチャンスでもある。そこで、その一分たらずのあいだに素早く煙草に火をつけ、思いっきり吸って、ぱっと消す。味もなにもあったものではない。

一回の離着陸訓練飛行のたびにこれをやっているから、一日の訓練で二箱も吸った。そして、たまに飛ぶ通常の路線フライトでも、つい煙草を吸うようになった。煙草がないとなんとなく寂しいニコチン中毒の入口に立ったわけだが、そのうちコーヒーがまずく感じられるようになったうえ、飛行中に気分が悪くなる日もあった。

このままでは体を壊してしまうと自分でも恐くなり、二年間たって、教官任務が終わると同時に、煙草はいっさいやめることにした。三十七歳のときである。

颯爽《さっそう》型パイロットと鈍重型パイロット

教官の任務が終わって、今度は、前の章でも少しふれたように、査察操縦士の仕事を担当するようになった。やってみると、査察操縦士にも、教官とはまたちがった難しさがある。教官の場合には、しばらくのあいだ継続して一人のパイロットの面倒を見られるから、そのあいだに、そのパイロットの才能、センス、欠点といったものがよく見えてくる。それを把握しつつ、よい方向に伸ばしていくために、いろいろなアドバイスを与える。たいへんな仕事ではあるが、育てる喜びというものがある。

一方、査察操縦士の場合は、一回のフライトを見ただけで、そのパイロットの技量、能力、そして将来のさまざまな可能性まで見抜かなくてはならない。

その一回のフライトがうまくいきさえすればいいというものではないのである。もちろん、あらかじめ考えておいた心づもりと実際のフライトが大きくちがって収まりがつかなくなったというのでは、お話にならないが、そのときは多少手ぬかりがあっても、将来性を考えれば、こつこつとやる非常にいいものをもっているという人もいる。

逆に恐いのは、一見あまりにも操縦がきれいすぎて、なんのそつもなく、本人も自信たっぷりで、「どうだ見たか」というような素振りをするタイプである。操縦がうまいのはいいけれど、それを鼻にかけるようでは、ちょっと将来が心配だ。このタイプは放っておくと、天狗になってしまい、人のアドバイスにもあまり耳を貸さず、やりたいことをやるおそれもある。

私が査察操縦士で、そういう天狗になりかけのパイロットの査察を担当した場合には、いったん自信の鼻をへし折ってやるようにした。慢心はもっとも戒めるべきものであり、ひとつひとつのフライトを丁寧に、また確実に準備して実行するのだと自覚させて、そのうえで合格させる。いやがらせをしているわけではなく、将来、大天狗にならないようにするための予防策である。

振り返って考えてみると、大雑把にいって、成長途上のパイロットには、前者のような鈍重型のパイロットと、後者のような颯爽《さっそう》型の二つのタイプがあるように思う。

一見すると、前者は要領が悪そうに、後者は要領がよさそうに思える。だが、長い期間を継続して見ていけば、あとになってみると、前者のほうが安全確実な優秀なパイロットに成長し、後者のほうが途中で挫折したり伸び悩んでしまうということがよくある。

これには理由がある。鈍重型の人は、なぜ最初のうちは進歩が遅いかというと、操縦に必要な要素を一つ一つ確かめながら身につけているからだ。だから、時間がかかる。だが、いったん身につけてしまえば、ぐんと伸びる。さらに、それを忘れることはない。

一方の颯爽型の人は、なぜ最初からうまくいくかというと、一種の動物的な勘みたいなものに頼っている部分が大きい。なぜだかわからないが、うまくできてしまうのである。こういう人は、あとでスランプになったときが恐い。上手だったときの理由がわからないと同様に、下手になってしまった理由もわからない。

こういうときに、よく先輩たちがアドバイスするのが、「基本に返れ」という言葉だ。だが、現実には、これはなかなか難しい。昔のフォームがよかったにしても、それを無意識にやっていたのだから、そう簡単に思い出せるものではない。かくして、壁にぶつかって立ち往生してしまうことになる。

査察操縦士は飛行結果を見て判定するのだが、とくに失敗があった場合には、その原因を正確に判断する能力がないとつとまらない。原因と結果がつながってはじめて合理的な判定となるのだ。これは教育の場でも通用する重要なポイントである。

そんなわけで、私が教官や査察操縦士をやってきた経験からいうと、むしろ前者の鈍重型のほうが安心して見ていられる。逆に、颯爽型のほうに、危険なものを感じることがあるのである。現時点で操縦技術がすぐれているのは、もちろん悪いことではないのだけれど、華麗な技に惑わされてばかりではいけない。いろいろな面を総合して、その人の将来性まで考慮したうえで、判定したりアドバイスをしたりするべきだと思っている。

天才パイロット

さて、世の中には、さまざまな能力をもったパイロットがたくさんいるはずだ。直接に会ったことはないのだが、噂で聞くところでは、ある外国の航空会社には、弁護士の資格をもったパイロットがいるそうだ。弁護士の資格も機長の資格も両方もっていて、いまのところは飛行機に乗るのが好きだから、パイロットをしている。そのうちパイロットを引退したら、弁護士をはじめるつもりなのかもしれない。

何ヵ国語もぺらぺらにしゃべれて、国際会議で議長をつとめたりしているパイロットもいるそうだ。

いずれも並はずれた才能であり、余裕しゃくしゃくの人生である。私などには、うらやましいかぎりである。

純粋に操縦技術の面でいうと、みんなから天才パイロットと噂されている人物がいる。いっしょに操縦したことのある人は、みんなが口をそろえて、「あいつにだけはかなわない」、「あれは天才だ」と言う。わが社のパイロット仲間の一人であるが、このようなことを書いたからといって抗議をなさるような方ではないと思うので、ちょっと紹介させていただくことにする。

その人が天才だというのは、私が航空大学校に入ったときから、すでに噂されていた。数年先輩にあたり、私が入学したときには、すでに卒業していた。入社してからも、同じ会社のパイロットだから、社内で顔を合わせることはあっても、飛んでいる機種が私がDC-6Bなら、あちらはDC-8といったぐあいに、いつも一段階ちがっていたので、ついぞ操縦を拝見する機会には恵まれなかった。

ところが、私が査察操縦士をやっていたころのことだ。彼が病気をして、しばらく操縦を休んでいたことがあった。しばらく休むと、機長に復活するためには、もう一度訓練をやりなおし、実際のフライトで査察を受け、合格せねばならないという決まりがある。そこで、私が彼の操縦の査察を担当することとなったのである。

彼のほうが先輩だが、私が試験員で彼は受験生という立場。実際の操縦は彼が左の機長席にすわっておこない、私は右の副操縦席。ただし、最終の責任者は私である。

そのときのフライトは、成田からソウルだった。

初めていっしょに飛んでみて、これはと舌を巻いた。

座席にすわった姿勢からして、どっしりして、一分の隙も感じさせない。動作や目の配りにも無駄がいっさいない。

どんな動作をするにも、必要最小限の動きしかしない。それでも見るべきものはちゃんとぜんぶ見ている。また動かすべきものは滑らかに動かしているのだ。

飛行機の動きが実に快適で心地よい。とにかくスムーズ。地上の操作はもちろんのこと、空中にあっても、ぎくしゃくした感じがまるでない。手動の際には、操縦ホイールの動きが適量適切で、なんともいえず味がある。今日のお客さま方はラッキーだ。

自動操縦に切り換わっての巡航でも、判断のよいリズミカルな飛行がつづく。

一例をあげると、計器飛行だから、飛んでいるルートを正確に知るために、各地から発信されている電波をとらえるのだが、航路を進んでいくにつれて、受信する局をどんどん変えていくことになる。成田から出発して、最初のうちは羽田からの電波、つぎには名古屋からの電波、そのつぎには大津《おおつ》からの電波、というように、あちこちからの電波を順繰りにたぐりながら、目的地まで飛んで行くわけだ。

副操縦士側の受信機をセットするときや、彼が操縦している場合には、彼から私にオーダーが出され、私が通信のスイッチを操作することになる。この局を変えるにも、タイミングというものがあり、けっこうパイロットのセンスが出てくるものだ。

このフライトのときは、私が内心で「このへんで名古屋に変えるといいんだけどな」と思っていると、ちょうどその瞬間に「名古屋を入れてくれる」と彼のオーダーがくる。私が「そろそろ大津を入れるころだな」と思っていると、すかさず、「大津を入れてくれる」とオーダーがくる。まるで私の心の中を読まれているようだ。それほど私の目から見て適切なオーダーのタイミングだったわけである。

巡航も降下もぜんぜん無駄がない。まるで飛行機が勝手にソウルに近づいていくように見える。

キンポ空港での着陸も、その日は天候があまりよくはなかったのだが、そんなことは微塵も感じさせない。実に、みごとなランディングである。

こういうふうに飛行機を動かしたいと私が思っているのとまったく同じことを、彼がそのとおりにやってのけたのである。

私が自分で操縦していたとしても、実際には、なかなか思いどおりにはいかないものだ。それを、いともやすやすと彼がやってのけた。しかも、長い休みのあとで、久々の路線フライトである。私だって、ほんの二、三週間も休みがあいたら、操縦の勘が鈍って、調子をとりもどすのは難しい。

ところが彼は、何ヵ月も病気で休んだあとの初路線フライトであるにもかかわらず、ずっと操縦している私と同様に、あるいはそれ以上に、なんの失敗もなく、見事な操縦を見せてくれた。完全に脱帽である。

査察操縦士で他のパイロットと飛んでいると、いろいろ注意しておきたい点が出てくるものだが、この日のフライトにかぎっては、なにも指摘することが見つからない。まさに完璧である。

人柄も、実に謙虚である。

「田口君、なんか気のついたことがあったら言ってよ」

「いいえ。査察フライト終わりました。いいフライトを見せてもらって、ありがとうございました」

「なんかあったでしょ。言ってよ」

そう言われても、実際なにも指摘することがないのだから、しょうがない。

「いいえ。なにもないです。ご苦労さまでした。ありがとうございました」

ただひたすら恐縮しながら、コックピットをあとにした。

たしかに噂は本当だった。これは天才だ、と思った。

なぜ何ヵ月も休んだあとで、あれだけの操縦技術を維持できるのだろうか。不思議としか言いようがない。

もってうまれた天分も当然あるだろうし、なにか特別な勉強をしたり訓練をしたりしているのかもしれない。私たちの見えないところで、それなりの努力をしているはずである。

だが、どういう努力をすれば彼のようになれるのか、私にはわからない。私だけでなく、誰にもわからない。わからないがゆえに、天才とよばれるのだろう。理由がわかれば、私にだって、その真似をすればできるはずだ。そういう人はいくら操縦がうまくても

「上手なパイロット」であって、天才とは言われない。誰も理由がわからない。誰も真似ができない。だからこそ、天才とよばれるのだろう。

いやはや、世の中には、天才というものがいるものである。

それ以来、私も彼を見習って、コックピット内では、なるべく無駄な動きなどをしないよう、せいぜい心がけているのだが、つい地が出てしまい、スチュワーデスがお茶をもってくると、「え!」とやってしまうのは、やはり凡パイロットの悲しさであろうか。

客としてのパイロット

私はパイロットだけれども、客として飛行機に乗ることも、もちろんある。たとえば、羽田から福岡など他の空港まで便乗してそこから業務につく場合、また出先で業務を終えて便乗で基地に戻る場合などがある。

そういうときは、やはり一種の職業病というべきか、客席にすわっていても、コックピットの様子が気になる。というか、体が勝手に感じとってしまうのだ。

離陸の際に、飛行機がタクシーウェイを非常にゆっくり進んでいると、「これは、かなり前がつまっているな」と考える。そうすると、しばらくして機内アナウンスされ、順番待ちのために離陸の時間が少々遅れる見通しである、といった説明がなされる。逆にすいすい進んでいくと、「前に順番待ちしている飛行機はいなさそうだな」と推測する。すると案の定、あっという間に滑走路に入り、素早く舞い上がっていく。離陸して上昇に入り、スムーズに加速され、やがてシートベルト着用のサインが消える。

このあたりの飛行機の動きや、サインの消し方が、それなりに理にかなっていれば、「なかなかスマートなパイロットだな」と、こちらは思う。

ときには、タクシーウェイの動きがぎくしゃくしたり、風は静かなのに離陸で横揺れしたりすることがある。また、巡航に入り、シートベルト着用のサインが消えたと思ったら、またすぐついたりというように、快適性にあまり気がまわっていないうえに、あまり予測が上手でないなと感じさせる場合もある。そういうときには、「これは新人機長の操縦かな」と思ってしまう。

天候が悪かったり、気流が乱れていたりするときには、「いまごろコックピットでは、みんな揺れをおさえるのに大わらわになっているだろうな。ここで一つすわりなおして、

ボーイング737

姿勢を正さねば」と思いながら、客席の私も、ベルトを締めなおしている。

客席にいて気を引き締めたりベルトを締めなおしたりしてもしょうがないのだが、職業病である。ついコックピットの様子を想像してしまうのだ。

これは、私が教官をしていたころの話である。モーゼスレイクの訓練場に行くために、他の教官たちといっしょに、サンフランシスコを発って、スポーケーンに向かうところだった。

アメリカの航空会社のフライトで、機種はB737だったと思う。

ベルト着用サインが消え、サービスがはじまってまもなく、トンと軽い振動があった。仲間の一人が窓からのぞいて、「おや。一番エンジンがオイルを噴いてる。こりゃ、引き返しだね」と言う。

残りの二番エンジンは快調にまわっているので、ひと安心しているうちに、ぐるりと旋回して、本当に引き返しはじめた。

すると、まもなく機長のアナウンスがあり、「エンジンが一つ故障したので引き返す。残りのエンジンは大丈夫だから、心配しないように」というようなことを説明している。

B737のような双発機でも、一発のエンジンが停止しても残りのエンジンでちゃんと飛べるように設計されている。私たちはそれを知っているから、平気なものである。「外人さんの腕前拝見だね」などと、外野の気分である。

さて、サンフランシスコ湾の上空に舞い戻ってきて、いざ着陸ということになった。

エンジンが故障しているといっても、機体は安定して飛んでいる。なんの問題もないと私たちは思っていたのだが、いちおう緊急着陸にはちがいないので、上体を前に倒して緊急着陸の姿勢をとるようにと、スチュワーデスたちから指示があった。

いちおうその姿勢をとったけれど、仲間たちと「どういうふうに着陸するんだろうね、この機長は」などとしゃべっていると、スチュワーデスの一人が、どういうわけか私たちのほうを見て、えらい剣幕で、「ヘッダン、ヘッダン」と叫んでいる。

私たちは、あいかわらず「なんか『ヘッダン』って言ってるけど、何だろうね」と、のんきなものである。そうすると、スチュワーデスは、ますますこちらを睨《にら》みつけて、「ヘッダン、ヘッダン」と怒鳴っている。

顔を上げて、まわりの乗客を見ると、みんな頭を下に下げている。それを見て、ようやくわかった。「なんだ。ヘッダンって、ヘッド・ダウンのことじゃねえか。ヘッド・ダウンがヘッダン」

そこであわてて私たちも頭を下げた。「このラインのスチュワーデスは恐いねえ。他人に言うことを聞かすには、やっぱ、ああいうふうにやんなきゃだめなんだねえ」

わが日本航空のパイロットたちも、アメリカのスチュワーデスたちの迫力の前にはたじたじである。

サンフランシスコに着陸すると、もうすでに交代用のB737は準備されていて、乗員も乗客も、そっくりそのまま乗り移り、すぐに出発。みんな平気な顔をしている。

まったく同じ乗員で、まったく同じ機種の飛行機に乗るわけだが、誰もなんの心配もしていない。平気な顔である。乗客の一人などは、機長とならんで歩きながら、「いまの着陸は上手でしたね」などと話しかけたりしている。

さすがにアメリカ人は機械慣れしているのか、エンジンも機械なんだから故障があるのはあたりまえ。故障したら乗り換えればいい、という割り切った考えかたのようだ。同じような小さなトラブルが日本で起きたとしたら、どうだろうか。エンジンが一つ故障したくらいで動揺することはないと理屈ではわかっていても、そこまで割り切るのは難しいかもしれない。また、航空会社のほうでも気をつかって、乗員を交代させたりしていたかもしれない。そう考えてみると、やはり国民性のちがいというものはあるな、と感じたのであった。

安全なパイロットへの道

だから日本人もアメリカ人のようになりなさい、というのではないが、そうそう飛行機というものは簡単に落ちるものではない。どうか安心して乗っていただきたいものである。

空港の管制官や航空路管制官、運航管理者、整備士をはじめ、飛行機の運航にたずさわるすべての関係者が、フライトを安全なものにすべく日夜がんばっている。

私たちパイロットも、人身にかかわるような事故は絶対に起こさぬよう、日頃から体調を管理し、いつも適切な判断と運航ができるように、精進している。

キャビンのクルーたちも、いざというときに備えて、熱心に訓練にはげんでいる。そしてキャビンの中では、お客さま方の空の旅を快適にすべく、健闘している。

これだけ私たちが力を合わせているのだから、この飛行機は落ちるんじゃないかといった心配は、いっさい不要である。

ただ、そこにはお客さま方の協力というものも、また不可欠である。

機長一人が飛行機を飛ばしているわけではないのと同様、お客さまも一人だけというわけではない。他にも大勢のお客さまが乗っていらっしゃる。

その全員の安全を守り、全員がなるべく快適であるようにしていくためには、お客さま方にも、ある程度の空のマナーを守っていただかなくてはならない。

コックピットの計器類に支障をきたさぬよう、機内では携帯電話は使わないでほしい。また、ノートパソコンなどの電子機器類も、なるべく使用をひかえてほしい。

近所の他のお客さま方のご迷惑にならぬよう、喫煙は、禁煙サインが消えているあいだ、喫煙席でのみおこなうようお願いしたい。

万が一の場合に備えて、離陸時に説明される酸素マスクや救命用具の使用法にも、きちんと耳を傾けておかれることをおすすめしたい。

ともあれ、たまに自分が客の立場に身を置いてみると、日頃コックピットからは見えないお客さま方の気持ちが実感としてわかるのも事実だ。それを実際の仕事に応用させていただいている。

客席で私がコックピットの様子を想像しているのと同様に、コックピットで操縦しているときの私は、常にキャビンのお客さま方の様子を想像している。

フライトが長距離長時間になれば、お客さま方もさぞかしお疲れのことだろうと思う。悪天候で着陸の予定が変更になったりして緊張状態がつづいたような場合は、このへんで一服したいお客さまもいらっしゃるだろうと考え、束の間ではあるが頃合いをみはからって、禁煙サインをしばらく消すこともある。空中待機をしているとき、現状や予想をアナウンスして、少しでも安心していただくように努力している。

お客さま方に喜んでいただけるフライトをするために、乗員には、いろいろな気配りが必要だろう。また機長として、他の乗員たちへの配慮も怠ってはならない。彼らの協力なしには、なにもできないのだ。

操縦技術が上達すれば、「操縦が上手なパイロット」にはなれるが、それだけでは名パイロットとはよばれない。本当の名パイロットになるためには、操縦は当然のこととして、人格的な面や、日頃の自己管理の面など、さまざまな面での精進が求められるものであろう。

名パイロットへの道は遠く険しいけれど、私は私なりに、残り少ない日々も、できるところまで努力をつづけていきたいと思っている。

あとがき

私は、日本の立ちなおりが軌道に乗った昭和三十八年に民間定期航空に身を投じたが、早いもので、もう三十五年もたってしまった。

昭和三十年代には、米英の有力航空機製造会社から続々と新型ジェット旅客機が発表され、日本の定期航空も、従来のレシプロエンジン機から、それらのジェット旅客機の導入に向かっていた。新型式のジェットエンジンの威力はすさまじく、速度は一挙に二倍になり、飛行高度も一段と高空になった。航空輸送システムの革命に直面した運航担当者と整備担当者は、全力を挙げて導入準備に取り組んでいた。

私も昭和四十一年にレシプロ機のダグラスDC－6Bからジェット機のダグラスDC－8に移行したが、この訓練にはかってないほど、力をそそいだものだ。DC－6BとDC－8の間に立ちふさがる大きな壁を乗り越えるための努力であった。

この新鋭機の高速力と長大な航続力を武器に、海外路線が次々に開設され、日本の発展の先兵となり、諸外国に乗り入れていった。ついには世界一周路線までが誕生し、先進国の航空会社の仲間入りを実現したのである。

それから現在に至るまでにも、さまざまな出来事があった。頻発するハイジャック、第一次・第二次のオイルショック、数々の悲しい航空機事故、大量輸送時代の幕を開けたボーイング747の登場、続々とオープンする各国の巨大空港などである。

いずれも航空輸送界に大きな影響を与えた事件であったが、最近では、科学の先端を行くハイテク機に見られる、人間と機械の境界のあいまいさが目につく。そのあたりのことを本文で書いてみた。

また、私が出会った自然の力の恐ろしさもぜひ感じとっていただきたい。まだまだ人間の力のおよばない領域もたくさんあるようだ。予測できる事態に常に備える心構えの重要性はいつの世にも変わらない。さらには予想もできない状況が発生しても、高度な常識をもって対応する習性を身につける必要性をも読みとっていただけたなら幸いである。

最後に、私にパイロット人生のすばらしさを著わす機会を与えて下さった講談社にお礼を申し上げる。

一九九八年　七月

田口美貴夫《たぐちみきお》

本作品は一九九八年八月、小社より刊行されました。

田口美貴夫―1940年、埼玉県に生まれる。1963年、航空大学校を卒業し、日本航空株式会社に入社。1971年に機長に昇格し、主として東南アジア路線、欧州路線を飛び、ホノルル、バンコク、デュッセルドルフ、ワルシャワなど、多くの都市を訪れた。天皇皇后両陛下や、皇太子浩宮さま、海部元首相などのＶＩＰフライトも経験してきた。これまでの飛行距離は700万マイル以上におよび、今なおジャンボ機の現役機長としてその距離をのばしている。著書に、『機長の700万マイル』(講談社)がある。

講談社+α文庫 機長《きちよう》の一万日《いちまんにち》
―コックピットの恐さと快感!
田口美貴夫《たぐちみきお》

2001年10月20日第1刷発行

発行者――野間佐和子
発行所――株式会社 講談社
東京都文京区音羽2-12-21 〒112-8001
電話 出版部(03)5395-3529
販売部(03)5395-5817
業務部(03)5395-3615
デザイン――鈴木成一デザイン室
カバー印刷――凸版印刷株式会社
印刷――慶昌堂印刷株式会社
製本――株式会社大進堂

落丁本・乱丁本は小社書籍業務部あてにお送りください。
送料は小社負担にてお取り替えします。
なお、この本の内容についてのお問い合わせは
生活文化第二出版部あてにお願いいたします。
Printed in Japan ISBN4-06-256557-9 (生活文化二)
定価はカバーに表示してあります。